U0216222

Java核心技术系列

Java
并发编程的艺术

The Art of Java Concurrency Programming

方腾飞 魏鹏 程晓明 著

机械工业出版社

China Machine Press

图书在版编目（CIP）数据

Java并发编程的艺术 / 方腾飞，魏鹏，程晓明著 . —北京：机械工业出版社，2015.7
（2023.11 重印）
（Java核心技术系列）

ISBN 978-7-111-50824-3

I. J… II. ①方… ②魏… ③程… III. JAVA 语言 – 程序设计 IV. TP312

中国版本图书馆 CIP 数据核字（2015）第 145709 号

Java并发编程的艺术

出版发行：机械工业出版社（北京市西城区百万庄大街 22 号　邮政编码：100037）

责任编辑：高婧雅　　　　　　　　　　　　　　　责任校对：董纪丽

印　　刷：固安县铭成印刷有限公司　　　　　　　版　　次：2023 年 11 月第 1 版第 24 次印刷

开　　本：186mm×240mm　1/16　　　　　　　　印　　张：15.75

书　　号：ISBN 978-7-111-50824-3　　　　　　　定　　价：59.00 元

客服电话：（010）88361066　68326294

Preface 前　　言

为什么要写这本书

记得第一次写并发编程的文章时还是在 2012 年，当时花了几个星期的时间写了一篇文章《深入分析 volatile 的实现原理》，准备在自己的博客中发表。在同事建法的建议下，怀着试一试的心态投向了 InfoQ，庆幸的是半小时后得到 InfoQ 主编采纳的回复，高兴之情无以言表。这也是我第一次在专业媒体上发表文章，而后在 InfoQ 编辑张龙的不断鼓励和支持下，我陆续在 InfoQ 发表了几篇与并发编程相关的文章，于是便形成了"聊聊并发"专栏。在这个专栏的写作过程中，我得到快速的成长和非常多的帮助，在此非常感谢 InfoQ 的编辑们。2013 年，华章的福川兄找到我，问有没有兴趣写一本书，当时觉得自己资历尚浅，婉言拒绝了。后来和福川兄一直保持联系，最后允许我花两年的时间来完成本书，所以答应了下来。由于并发编程领域的技术点非常多且深，所以陆续又邀请了同事魏鹏和朋友晓明一起参与到本书的编写当中。

写本书的过程也是对自己研究和掌握的技术点进行整理的过程，希望本书能帮助读者快速掌握并发编程技术。

本书一共 11 章，由三名作者共同编写完成，其中第 3 章和第 10 章节由程晓明编写，第4 章和第 5 章由魏鹏编写，其他 7 章由方腾飞编写。

本书特色

本书结合 JDK 的源码介绍了 Java 并发框架、线程池的实现原理，帮助读者做到知其所以然。

本书对原理的剖析不仅仅局限于 Java 层面，而是深入到 JVM，甚至 CPU 层面来进行讲解，帮助读者从更底层看并发技术。

本书结合线上应用，给出了一些并发编程实战技巧，以及线上处理并发问题的步骤和思路。

读者对象

- ❑ Java 开发工程师
- ❑ 架构师
- ❑ 并发编程爱好者
- ❑ 开设相关课程的大专院校师生

如何阅读本书

阅读本书之前，你必须有一定的 Java 基础和开发经验，最好还有一定的并发编程基础。如果你是一名并发编程初学者，建议按照顺序阅读本书，并按照书中的例子进行编码和实战。如果你有一定的并发编程经验，可以把本书当做一个手册，直接看需要学习的章节。以下是各章节的基本介绍。

第 1 章介绍 Java 并发编程的挑战，向读者说明进入并发编程的世界可能会遇到哪些问题，以及如何解决。

第 2 章介绍 Java 并发编程的底层实现原理，介绍在 CPU 和 JVM 这个层面是如何帮助 Java 实现并发编程的。

第 3 章介绍深入介绍了 Java 的内存模型。Java 线程之间的通信对程序员完全透明，内存可见性问题很容易困扰 Java 程序员，本章试图揭开 Java 内存模型的神秘面纱。

第 4 章从介绍多线程技术带来的好处开始，讲述了如何启动和终止线程以及线程的状态，详细阐述了多线程之间进行通信的基本方式和等待 / 通知经典范式。

第 5 章介绍 Java 并发包中与锁相关的 API 和组件，以及这些 API 和组件的使用方式与实现细节。

第 6 章介绍了 Java 中的大部分并发容器，并深入剖析其实现原理，让读者领略大师的设计技巧。

第 7 章介绍了 Java 中的原子操作类，并给出一些实例。

第 8 章介绍了 Java 中提供的并发工具类，这是并发编程中的瑞士军刀。

第 9 章介绍了 Java 中的线程池实现原理和使用建议。

第 10 章介绍了 Executor 框架的整体结构和成员组件。

第 11 章介绍几个并发编程的实战，以及排查并发编程造成问题的方法。

勘误和支持

由于笔者的水平有限，编写时间仓促，书中难免会出现一些错误或者不准确的地方，恳请读者批评指正。为此，特意创建一个在线支持与应急方案的站点 http://ifeve.com/book/。你可以将书中的错误发布在勘误表页面中，同时如果你遇到任何问题，也可以访问 Q&A 页面，我将尽量在线上为读者提供最满意的解答。书中的全部源文件除可以从机工网站[⊖]下载外，还可以从并发编程网站[⊜]下载，我也会将相应的功能更新及时发布出来。如果你有更多的宝贵意见，也欢迎发送邮件至邮箱 tengfei@ifeve.com，期待能够得到你的真挚反馈。

致谢

感谢机械工业出版社的杨福川、高婧雅、孙海亮，在这一年多的时间中始终支持我的写作，你们的鼓励和帮助引导我顺利完成全部书稿。

感谢方正电子的刘老师，是他带我进入了面向对象的世界。

感谢我的主管朱老板，他在工作和生活上给予我很多的帮助和支持，还经常激励我完成本书编写。

最后感谢我的爸妈、岳父母和老婆，感谢你们的支持，并时时刻刻为我灌输信心和力量！

谨以此书献给我的儿子方熙皓，希望他能健康成长，以及众多热爱并发编程的朋友们，希望你们能快乐工作，认真生活！

方腾飞

⊖ 参见网站 www.cmpreading.com。——编辑注
⊜ http://ifeve.com。——编者注

目　录 *Contents*

第 1 章　Chapter 1

并发编程的挑战

并发编程的目的是为了让程序运行得更快，但是，并不是启动更多的线程就能让程序最大限度地并发执行。在进行并发编程时，如果希望通过多线程执行任务让程序运行得更快，会面临非常多的挑战，比如上下文切换的问题、死锁的问题，以及受限于硬件和软件的资源限制问题，本章会介绍几种并发编程的挑战以及解决方案。

1.1　上下文切换

即使是单核处理器也支持多线程执行代码，CPU 通过给每个线程分配 CPU 时间片来实现这个机制。时间片是 CPU 分配给各个线程的时间，因为时间片非常短，所以 CPU 通过不停地切换线程执行，让我们感觉多个线程是同时执行的，时间片一般是几十毫秒（ms）。

CPU 通过时间片分配算法来循环执行任务，当前任务执行一个时间片后会切换到下一个任务。但是，在切换前会保存上一个任务的状态，以便下次切换回这个任务时，可以再加载这个任务的状态。所以任务从保存到再加载的过程就是一次上下文切换。

这就像我们同时读两本书，当我们在读一本英文的技术书时，发现某个单词不认识，于是便打开中英文字典，但是在放下英文技术书之前，大脑必须先记住这本书读到了多少页的第多少行，等查完单词之后，能够继续读这本书。这样的切换是会影响读书效率的，同样上下文切换也会影响多线程的执行速度。

1.1.1　多线程一定快吗

下面的代码演示串行和并发执行并累加操作的时间，请分析：下面的代码并发执行一定比串行执行快吗?

```java
public class ConcurrencyTest {

        private static final long count = 100001;

        public static void main(String[] args) throws InterruptedException {
                concurrency();
                serial();
        }

        private static void concurrency() throws InterruptedException {
                long start = System.currentTimeMillis();
                Thread thread = new Thread(new Runnable() {
                        @Override
                        public void run() {
                                int a = 0;
                                for (long i = 0; i < count; i++) {
                                        a += 5;
                                }
                        }
                });
                thread.start();
                int b = 0;
                for (long i = 0; i < count; i++) {
                        b--;
                }
                thread.join();
                long time = System.currentTimeMillis() - start;
                System.out.println("concurrency :" + time+"ms,b="+b);
        }

        private static void serial() {
                long start = System.currentTimeMillis();
                int a = 0;
                for (long i = 0; i < count; i++) {
                        a += 5;
                }
                int b = 0;
                for (long i = 0; i < count; i++) {
                        b--;
                }
                long time = System.currentTimeMillis() - start;
                System.out.println("serial:" + time+"ms,b="+b+",a="+a);
        }

}
```

上述问题的答案是"不一定",测试结果如表 1-1 所示。

表 1-1 测试结果

循环次数	串行执行耗时 /ms	并发执行耗时	并发比串行快多少
1 亿	130	77	约 1 倍
1 千万	18	9	约 1 倍
1 百万	5	5	差不多
10 万	4	3	差不多
1 万	0	1	慢

从表 1-1 可以发现，当并发执行累加操作不超过百万次时，速度会比串行执行累加操作要慢。那么，为什么并发执行的速度会比串行慢呢？这是因为线程有创建和上下文切换的开销。

1.1.2 测试上下文切换次数和时长

下面我们来看看有什么工具可以度量上下文切换带来的消耗。

❑ 使用 Lmbench3 [⊖] 可以测量上下文切换的时长。

❑ 使用 vmstat 可以测量上下文切换的次数。

下面是利用 vmstat 测量上下文切换次数的示例。

```
$ vmstat 1
procs -----------memory---------- ---swap-- -----io---- --system-- -----cpu-----
 r  b   swpd   free   buff  cache   si   so    bi    bo   in   cs us sy id wa st
 0  0      0 127876 398928 2297092    0    0     0     4    2    2  0  0 99  0  0
 0  0      0 127868 398928 2297092    0    0     0     0  595 1171  0  1 99  0  0
 0  0      0 127868 398928 2297092    0    0     0     0  590 1180  1  0 100 0  0
 0  0      0 127868 398928 2297092    0    0     0     0  567 1135  0  1 99  0  0
```

CS（Content Switch）表示上下文切换的次数，从上面的测试结果中我们可以看到，上下文每 1 秒切换 1000 多次。

1.1.3 如何减少上下文切换

减少上下文切换的方法有无锁并发编程、CAS 算法、使用最少线程和使用协程。

❑ 无锁并发编程。多线程竞争锁时，会引起上下文切换，所以多线程处理数据时，可以用一些办法来避免使用锁，如将数据的 ID 按照 Hash 算法取模分段，不同的线程处理不同段的数据。

❑ CAS 算法。Java 的 Atomic 包使用 CAS 算法来更新数据，而不需要加锁。

❑ 使用最少线程。避免创建不需要的线程，比如任务很少，但是创建了很多线程来处理，这样会造成大量线程都处于等待状态。

❑ 协程：在单线程里实现多任务的调度，并在单线程里维持多个任务间的切换。

⊖ Lmbench3 是一个性能分析工具。

1.1.4 减少上下文切换实战

本节将通过减少线上大量 WAITING 的线程，来减少上下文切换次数。

第一步：用 jstack 命令 dump 线程信息，看看 pid 为 3117 的进程里的线程都在做什么。

```
sudo -u admin /opt/ifeve/java/bin/jstack 31177 > /home/tengfei.fangtf/dump17
```

第二步：统计所有线程分别处于什么状态，发现 300 多个线程处于 WAITING（onobject-monitor）状态。

```
[tengfei.fangtf@ifeve ~]$ grep java.lang.Thread.State dump17 | awk '{print $2$3$4$5}'
    | sort | uniq -c
 39 RUNNABLE
 21 TIMED_WAITING(onobjectmonitor)
  6 TIMED_WAITING(parking)
 51 TIMED_WAITING(sleeping)
305 WAITING(onobjectmonitor)
  3 WAITING(parking)
```

第三步：打开 dump 文件查看处于 WAITING（onobjectmonitor）的线程在做什么。发现这些线程基本全是 JBOSS 的工作线程，在 await。说明 JBOSS 线程池里线程接收到的任务太少，大量线程都闲着。

```
"http-0.0.0.0-7001-97" daemon prio=10 tid=0x000000004f6a8000 nid=0x555e in
    Object.wait() [0x0000000052423000]
java.lang.Thread.State: WAITING (on object monitor)
at java.lang.Object.wait(Native Method)
- waiting on <0x00000007969b2280> (a org.apache.tomcat.util.net.AprEndpoint$Worker)
at java.lang.Object.wait(Object.java:485)
at org.apache.tomcat.util.net.AprEndpoint$Worker.await(AprEndpoint.java:1464)
- locked <0x00000007969b2280> (a org.apache.tomcat.util.net.AprEndpoint$Worker)
at org.apache.tomcat.util.net.AprEndpoint$Worker.run(AprEndpoint.java:1489)
at java.lang.Thread.run(Thread.java:662)
```

第四步：减少 JBOSS 的工作线程数，找到 JBOSS 的线程池配置信息，将 maxThreads 降到 100。

```
<maxThreads="250" maxHttpHeaderSize="8192"
emptySessionPath="false" minSpareThreads="40" maxSpareThreads="75"
    maxPostSize="512000" protocol="HTTP/1.1"
enableLookups="false" redirectPort="8443" acceptCount="200" bufferSize="16384"
connectionTimeout="15000" disableUploadTimeout="false" useBodyEncodingForURI=
    "true">
```

第五步：重启 JBOSS，再 dump 线程信息，然后统计 WAITING（onobjectmonitor）的线程，发现减少了 175 个。WAITING 的线程少了，系统上下文切换的次数就会少，因为每一次从 WAITTING 到 RUNNABLE 都会进行一次上下文的切换。读者也可以使用 vmstat 命令测试一下。

```
[tengfei.fangtf@ifeve ~]$ grep java.lang.Thread.State dump17 | awk '{print $2$3$4$5}'
    | sort | uniq -c
 44 RUNNABLE
 22 TIMED_WAITING(onobjectmonitor)
 9 TIMED_WAITING(parking)
 36 TIMED_WAITING(sleeping)
 130 WAITING(onobjectmonitor)
1  WAITING(parking)
```

1.2　死锁

　　锁是个非常有用的工具，运用场景非常多，因为它使用起来非常简单，而且易于理解。但同时它也会带来一些困扰，那就是可能会引起死锁，一旦产生死锁，就会造成系统功能不可用。让我们先来看一段代码，这段代码会引起死锁，使线程 t1 和线程 t2 互相等待对方释放锁。

```java
public class DeadLockDemo {

    private static String A = "A";
    private static String B = "B";

    public static void main(String[] args) {

        new DeadLockDemo().deadLock();
    }

    private void deadLock() {
        Thread t1 = new Thread(new Runnable() {
            @Override
            publicvoid run() {
                synchronized (A) {
                    try { Thread.currentThread().sleep(2000);
                    } catch (InterruptedException e) {
                        e.printStackTrace();
                    }
                    synchronized (B) {
                        System.out.println("1");
                    }
                }
            }
        });

        Thread t2 = new Thread(new Runnable() {
            @Override
            publicvoid run() {
                synchronized (B) {
                    synchronized (A) {
```

```
                                        System.out.println("2");
                                }
                        }
                }
        });

        t1.start();
        t2.start();
    }

}
```

这段代码只是演示死锁的场景，在现实中你可能不会写出这样的代码。但是，在一些更为复杂的场景中，你可能会遇到这样的问题，比如 t1 拿到锁之后，因为一些异常情况没有释放锁（死循环）。又或者是 t1 拿到一个数据库锁，释放锁的时候抛出了异常，没释放掉。

一旦出现死锁，业务是可感知的，因为不能继续提供服务了，那么只能通过 dump 线程查看到底是哪个线程出现了问题，以下线程信息告诉我们是 DeadLockDemo 类的第 42 行和第 31 行引起的死锁。

```
"Thread-2" prio=5 tid=7fc0458d1000 nid=0x116c1c000 waiting for monitor entry [116c1b000]
    java.lang.Thread.State: BLOCKED (on object monitor)
        at com.ifeve.book.forkjoin.DeadLockDemo$2.run(DeadLockDemo.java:42)
        - waiting to lock <7fb2f3ec0> (a java.lang.String)
        - locked <7fb2f3ef8> (a java.lang.String)
        at java.lang.Thread.run(Thread.java:695)

"Thread-1" prio=5 tid=7fc0430f6800 nid=0x116b19000 waiting for monitor entry [116b18000]
    java.lang.Thread.State: BLOCKED (on object monitor)
        at com.ifeve.book.forkjoin.DeadLockDemo$1.run(DeadLockDemo.java:31)
        - waiting to lock <7fb2f3ef8> (a java.lang.String)
        - locked <7fb2f3ec0> (a java.lang.String)
        at java.lang.Thread.run(Thread.java:695)
```

现在我们介绍避免死锁的几个常见方法。

❑ 避免一个线程同时获取多个锁。

❑ 避免一个线程在锁内同时占用多个资源，尽量保证每个锁只占用一个资源。

❑ 尝试使用定时锁，使用 lock.tryLock（timeout）来替代使用内部锁机制。

❑ 对于数据库锁，加锁和解锁必须在一个数据库连接里，否则会出现解锁失败的情况。

1.3　资源限制的挑战

（1）什么是资源限制

资源限制是指在进行并发编程时，程序的执行速度受限于计算机硬件资源或软件资源。例如，服务器的带宽只有 2Mb/s，某个资源的下载速度是 1Mb/s 每秒，系统启动 10 个线程下载资源，下载速度不会变成 10Mb/s，所以在进行并发编程时，要考虑这些资源的限制。硬件资源限制有带宽的上传 / 下载速度、硬盘读写速度和 CPU 的处理速度。软件资源限制有数据库的连接数和 socket 连接数等。

（2）资源限制引发的问题

在并发编程中，将代码执行速度加快的原则是将代码中串行执行的部分变成并发执行，但是如果将某段串行的代码并发执行，因为受限于资源，仍然在串行执行，这时候程序不仅不会加快执行，反而会更慢，因为增加了上下文切换和资源调度的时间。例如，之前看到一段程序使用多线程在办公网并发地下载和处理数据时，导致 CPU 利用率达到 100%，几个小时都不能运行完成任务，后来修改成单线程，一个小时就执行完成了。

（3）如何解决资源限制的问题

对于硬件资源限制，可以考虑使用集群并行执行程序。既然单机的资源有限制，那么就让程序在多机上运行。比如使用 ODPS、Hadoop 或者自己搭建服务器集群，不同的机器处理不同的数据。可以通过"数据 ID% 机器数"，计算得到一个机器编号，然后由对应编号的机器处理这笔数据。

对于软件资源限制，可以考虑使用资源池将资源复用。比如使用连接池将数据库和 Socket 连接复用，或者在调用对方 webservice 接口获取数据时，只建立一个连接。

（4）在资源限制情况下进行并发编程

如何在资源限制的情况下，让程序执行得更快呢？方法就是，根据不同的资源限制调整程序的并发度，比如下载文件程序依赖于两个资源——带宽和硬盘读写速度。有数据库操作时，涉及数据库连接数，如果 SQL 语句执行非常快，而线程的数量比数据库连接数大很多，则某些线程会被阻塞，等待数据库连接。

1.4　本章小结

本章介绍了在进行并发编程时，大家可能会遇到的几个挑战，并给出了一些解决建议。有的并发程序写得不严谨，在并发下如果出现问题，定位起来会比较耗时和棘手。所以，对于 Java 开发工程师而言，笔者强烈建议多使用 JDK 并发包提供的并发容器和工具类来解决并发问题，因为这些类都已经通过了充分的测试和优化，均可解决了本章提到的几个挑战。

Java 并发机制的底层实现原理

Java 代码在编译后会变成 Java 字节码，字节码被类加载器加载到 JVM 里，JVM 执行字节码，最终需要转化为汇编指令在 CPU 上执行，Java 中所使用的并发机制依赖于 JVM 的实现和 CPU 的指令。本章我们将深入底层一起探索下 Java 并发机制的底层实现原理。

2.1 volatile 的应用

在多线程并发编程中 synchronized 和 volatile 都扮演着重要的角色，volatile 是轻量级的 synchronized，它在多处理器开发中保证了共享变量的"可见性"。可见性的意思是当一个线程修改一个共享变量时，另外一个线程能读到这个修改的值。如果 volatile 变量修饰符使用恰当的话，它比 synchronized 的使用和执行成本更低，因为它不会引起线程上下文的切换和调度。本文将深入分析在硬件层面上 Intel 处理器是如何实现 volatile 的，通过深入分析帮助我们正确地使用 volatile 变量。

我们先从了解 volatile 的定义开始。

1. volatile 的定义与实现原理

Java 语言规范第 3 版中对 volatile 的定义如下：Java 编程语言允许线程访问共享变量，为了确保共享变量能被准确和一致地更新，线程应该确保通过排他锁单独获得这个变量。Java 语言提供了 volatile，在某些情况下比锁要更加方便。如果一个字段被声明成 volatile，Java 线程内存模型确保所有线程看到这个变量的值是一致的。

在了解 volatile 实现原理之前，我们先来看下与其实现原理相关的 CPU 术语与说明。

表 2-1 是 CPU 术语的定义。

表 2-1　CPU 的术语定义

术　　语	英文单词	术语描述
内存屏障	memory barriers	是一组处理器指令，用于实现对内存操作的顺序限制
缓冲行	cache line	CPU 高速缓存中可以分配的最小存储单位。处理器填写缓存行时会加载整个缓存行，现代 CPU 需要执行几百次 CPU 指令
原子操作	atomic operations	不可中断的一个或一系列操作
缓存行填充	cache line fill	当处理器识别到从内存中读取操作数是可缓存的，处理器读取整个高速缓存行到适当的缓存（L1，L2，L3 的或所有）
缓存命中	cache hit	如果进行高速缓存行填充操作的内存位置仍然是下次处理器访问的地址时，处理器从缓存中读取操作数，而不是从内存读取
写命中	write hit	当处理器将操作数写回到一个内存缓存的区域时，它首先会检查这个缓存的内存地址是否在缓存行中，如果存在一个有效的缓存行，则处理器将这个操作数写回到缓存，而不是写回到内存，这个操作被称为写命中
写缺失	write misses the cache	一个有效的缓存行被写入到不存在的内存区域

volatile 是如何来保证可见性的呢？让我们在 X86 处理器下通过工具获取 JIT 编译器生成的汇编指令来查看对 volatile 进行写操作时，CPU 会做什么事情。

Java 代码如下。

```
instance = new Singleton();        // instance 是 volatile 变量
```

转变成汇编代码，如下。

```
0x01a3de1d: movb $0×0,0×1104800(%esi);0x01a3de24: lock addl $0×0,(%esp);
```

有 volatile 变量修饰的共享变量进行写操作的时候会多出第二行汇编代码，通过查 IA-32 架构软件开发者手册可知，Lock 前缀的指令在多核处理器下会引发了两件事情[⊖]。

1）将当前处理器缓存行的数据写回到系统内存。

2）这个写回内存的操作会使在其他 CPU 里缓存了该内存地址的数据无效。

为了提高处理速度，处理器不直接和内存进行通信，而是先将系统内存的数据读到内部缓存（L1，L2 或其他）后再进行操作，但操作完不知道何时会写到内存。如果对声明了 volatile 的变量进行写操作，JVM 就会向处理器发送一条 Lock 前缀的指令，将这个变量所在缓存行的数据写回到系统内存。但是，就算写回到内存，如果其他处理器缓存的值还是旧的，再执行计算操作就会有问题。所以，在多处理器下，为了保证各个处理器的缓存是一致的，就会实现缓存一致性协议，每个处理器通过嗅探在总线上传播的数据来检查自己缓存的值是不是过期了，当处理器发现自己缓存行对应的内存地址被修改，就会将当前处理器的缓

　⊖　这两件事情在 IA-32 软件开发者架构手册的第三册的多处理器管理章节（第 8 章）中有详细阐述。

存行设置成无效状态，当处理器对这个数据进行修改操作的时候，会重新从系统内存中把数据读到处理器缓存里。

下面来具体讲解 volatile 的两条实现原则。

1) **Lock 前缀指令会引起处理器缓存回写到内存。**Lock 前缀指令导致在执行指令期间，声言处理器的 LOCK# 信号。在多处理器环境中，LOCK# 信号确保在声言该信号期间，处理器可以独占任何共享内存⊖。但是，在最近的处理器里，LOCK #信号一般不锁总线，而是锁缓存，毕竟锁总线开销的比较大。在 8.1.4 节有详细说明锁定操作对处理器缓存的影响，对于 Intel486 和 Pentium 处理器，在锁操作时，总是在总线上声言 LOCK# 信号。但在 P6 和目前的处理器中，如果访问的内存区域已经缓存在处理器内部，则不会声言 LOCK# 信号。相反，它会锁定这块内存区域的缓存并回写到内存，并使用缓存一致性机制来确保修改的原子性，此操作被称为"缓存锁定"，缓存一致性机制会阻止同时修改由两个以上处理器缓存的内存区域数据。

2) **一个处理器的缓存回写到内存会导致其他处理器的缓存无效。**IA-32 处理器和 Intel 64 处理器使用 MESI（修改、独占、共享、无效）控制协议去维护内部缓存和其他处理器缓存的一致性。在多核处理器系统中进行操作的时候，IA-32 和 Intel 64 处理器能嗅探其他处理器访问系统内存和它们的内部缓存。处理器使用嗅探技术保证它的内部缓存、系统内存和其他处理器的缓存的数据在总线上保持一致。例如，在 Pentium 和 P6 family 处理器中，如果通过嗅探一个处理器来检测其他处理器打算写内存地址，而这个地址当前处于共享状态，那么正在嗅探的处理器将使它的缓存行无效，在下次访问相同内存地址时，强制执行缓存行填充。

2. volatile 的使用优化

著名的 Java 并发编程大师 Doug lea 在 JDK 7 的并发包里新增一个队列集合类 Linked-TransferQueue，它在使用 volatile 变量时，用一种追加字节的方式来优化队列出队和入队的性能。LinkedTransferQueue 的代码如下。

```
/** 队列中的头部节点 */
private transient final PaddedAtomicReference<QNode> head;
/** 队列中的尾部节点 */
private transient final PaddedAtomicReference<QNode> tail;
static final class PaddedAtomicReference <T> extends AtomicReference <T> {
   //使用很多 4 个字节的引用追加到 64 个字节
   Object p0, p1, p2, p3, p4, p5, p6, p7, p8, p9, pa, pb, pc, pd, pe;
   PaddedAtomicReference(T r) {
      super(r);
   }
}
public class AtomicReference <V> implements java.io.Serializable {
   private volatile V value;
```

⊖ 因为它会锁住总线，导致其他 CPU 不能访问总线，不能访问总线就意味着不能访问系统内存。

```
        // 省略其他代码
    }
```

追加字节能优化性能？这种方式看起来很神奇，但如果深入理解处理器架构就能理解其中的奥秘。让我们先来看看 LinkedTransferQueue 这个类，它使用一个内部类类型来定义队列的头节点（head）和尾节点（tail），而这个内部类 PaddedAtomicReference 相对于父类 AtomicReference 只做了一件事情，就是将共享变量追加到 64 字节。我们可以来计算下，一个对象的引用占 4 个字节，它追加了 15 个变量（共占 60 个字节），再加上父类的 value 变量，一共 64 个字节。

为什么追加 64 字节能够提高并发编程的效率呢？因为对于英特尔酷睿 i7、酷睿、Atom 和 NetBurst，以及 Core Solo 和 Pentium M 处理器的 L1、L2 或 L3 缓存的高速缓存行是 64 个字节宽，不支持部分填充缓存行，这意味着，如果队列的头节点和尾节点都不足 64 字节的话，处理器会将它们都读到同一个高速缓存行中，在多处理器下每个处理器都会缓存同样的头、尾节点，当一个处理器试图修改头节点时，会将整个缓存行锁定，那么在缓存一致性机制的作用下，会导致其他处理器不能访问自己高速缓存中的尾节点，而队列的入队和出队操作则需要不停修改头节点和尾节点，所以在多处理器的情况下将会严重影响到队列的入队和出队效率。Doug lea 使用追加到 64 字节的方式来填满高速缓冲区的缓存行，避免头节点和尾节点加载到同一个缓存行，使头、尾节点在修改时不会互相锁定。

那么是不是在使用 volatile 变量时都应该追加到 64 字节呢？不是的。在两种场景下不应该使用这种方式。

❏ **缓存行非 64 字节宽的处理器**。如 P6 系列和奔腾处理器，它们的 L1 和 L2 高速缓存行是 32 个字节宽。

❏ **共享变量不会被频繁地写**。因为使用追加字节的方式需要处理器读取更多的字节到高速缓冲区，这本身就会带来一定的性能消耗，如果共享变量不被频繁写的话，锁的几率也非常小，就没必要通过追加字节的方式来避免相互锁定。

不过这种追加字节的方式在 Java 7 下可能不生效，因为 Java 7 变得更加智慧，它会淘汰或重新排列无用字段，需要使用其他追加字节的方式。除了 volatile，Java 并发编程中应用较多的是 synchronized，下面一起来看一下。

2.2　synchronized 的实现原理与应用

在多线程并发编程中 synchronized 一直是元老级角色，很多人都会称呼它为重量级锁。但是，随着 Java SE 1.6 对 synchronized 进行了各种优化之后，有些情况下它就并不那么重了。本文详细介绍 Java SE 1.6 中为了减少获得锁和释放锁带来的性能消耗而引入的偏向锁和轻量级锁，以及锁的存储结构和升级过程。

先来看下利用 synchronized 实现同步的基础：Java 中的每一个对象都可以作为锁。具体表现为以下 3 种形式。

❑ 对于普通同步方法，锁是当前实例对象。

❑ 对于静态同步方法，锁是当前类的 Class 对象。

❑ 对于同步方法块，锁是 Synchonized 括号里配置的对象。

当一个线程试图访问同步代码块时，它首先必须得到锁，退出或抛出异常时必须释放锁。那么锁到底存在哪里呢？锁里面会存储什么信息呢？

从 JVM 规范中可以看到 Synchonized 在 JVM 里的实现原理，JVM 基于进入和退出 Monitor 对象来实现方法同步和代码块同步，但两者的实现细节不一样。代码块同步是使用 monitorenter 和 monitorexit 指令实现的，而方法同步是使用另外一种方式实现的，细节在 JVM 规范里并没有详细说明。但是，方法的同步同样可以使用这两个指令来实现。

monitorenter 指令是在编译后插入到同步代码块的开始位置，而 monitorexit 是插入到方法结束处和异常处，JVM 要保证每个 monitorenter 必须有对应的 monitorexit 与之配对。任何对象都有一个 monitor 与之关联，当且一个 monitor 被持有后，它将处于锁定状态。线程执行到 monitorenter 指令时，将会尝试获取对象所对应的 monitor 的所有权，即尝试获得对象的锁。

2.2.1　Java 对象头

synchronized 用的锁是存在 Java 对象头里的。如果对象是数组类型，则虚拟机用 3 个字宽（Word）存储对象头，如果对象是非数组类型，则用 2 字宽存储对象头。在 32 位虚拟机中，1 字宽等于 4 字节，即 32bit，如表 2-2 所示。

表 2-2　Java 对象头的长度

长　度	内　容	说　明
32/64bit	Mark Word	存储对象的 hashCode 或锁信息等
32/64bit	Class Metadata Address	存储到对象类型数据的指针
32/32bit	Array length	数组的长度（如果当前对象是数组）

Java 对象头里的 Mark Word 里默认存储对象的 HashCode、分代年龄和锁标记位。32 位 JVM 的 Mark Word 的默认存储结构如表 2-3 所示。

表 2-3　Java 对象头的存储结构

锁状态	25bit	4bit	1bit 是否是偏向锁	2bit 锁标志位
无锁状态	对象的 hashCode	对象分代年龄	0	01

在运行期间，Mark Word 里存储的数据会随着锁标志位的变化而变化。Mark Word 可能变化为存储以下 4 种数据，如表 2-4 所示。

表 2-4　Mark Word 的状态变化

锁状态	25bit		4bit	1bit	2bit
	23bit	2bit		是否是偏向锁	锁标志位
轻量级锁	指向栈中锁记录的指针				00
重量级锁	指向互斥量（重量级锁）的指针				10
GC 标记	空				11
偏向锁	线程 ID	Epoch	对象分代年龄	1	01

在 64 位虚拟机下，Mark Word 是 64bit 大小的，其存储结构如表 2-5 所示。

表 2-5　Mark Word 的存储结构

锁状态	25bit	31bit	1bit	4bit	1bit	2bit
			cms_free	分代年龄	偏向锁	锁标志位
无锁	unused	hashCode			0	01
偏向锁	ThreadID(54bit) Epoch(2bit)				1	01

2.2.2　锁的升级与对比

Java SE 1.6 为了减少获得锁和释放锁带来的性能消耗，引入了"偏向锁"和"轻量级锁"，在 Java SE 1.6 中，锁一共有 4 种状态，级别从低到高依次是：无锁状态、偏向锁状态、轻量级锁状态和重量级锁状态，这几个状态会随着竞争情况逐渐升级。锁可以升级但不能降级，意味着偏向锁升级成轻量级锁后不能降级成偏向锁。这种锁升级却不能降级的策略，目的是为了提高获得锁和释放锁的效率，下文会详细分析。

1. 偏向锁

HotSpot [一] 的作者经过研究发现，大多数情况下，锁不仅不存在多线程竞争，而且总是由同一线程多次获得，为了让线程获得锁的代价更低而引入了偏向锁。当一个线程访问同步块并获取锁时，会在对象头和栈帧中的锁记录里存储锁偏向的线程 ID，以后该线程在进入和退出同步块时不需要进行 CAS 操作来加锁和解锁，只需简单地测试一下对象头的 Mark Word 里是否存储着指向当前线程的偏向锁。如果测试成功，表示线程已经获得了锁。如果测试失败，则需要再测试一下 Mark Word 中偏向锁的标识是否设置成 1（表示当前是偏向锁）：如果没有设置，则使用 CAS 竞争锁；如果设置了，则尝试使用 CAS 将对象头的偏向锁指向当前线程。

（1）偏向锁的撤销

偏向锁使用了一种等到竞争出现才释放锁的机制，所以当其他线程尝试竞争偏向锁时，持有偏向锁的线程才会释放锁。偏向锁的撤销，需要等待全局安全点（在这个时间点上没有正在执行的字节码）。它会首先暂停拥有偏向锁的线程，然后检查持有偏向锁的线程是否活着，如果线程不处于活动状态，则将对象头设置成无锁状态；如果线程仍然活着，拥有偏向

○　本节一些内容参考了 HotSpot 源码、对象头源码 markOop.hpp、偏向锁源码 biasedLocking.cpp，以及其他源码 ObjectMonitor.cpp 和 BasicLock.cpp。

锁的栈会被执行，遍历偏向对象的锁记录，栈中的锁记录和对象头的 Mark Word 要么重新偏向于其他线程，要么恢复到无锁或者标记对象不适合作为偏向锁，最后唤醒暂停的线程。图 2-1 中的线程 1 演示了偏向锁初始化的流程，线程 2 演示了偏向锁撤销的流程。

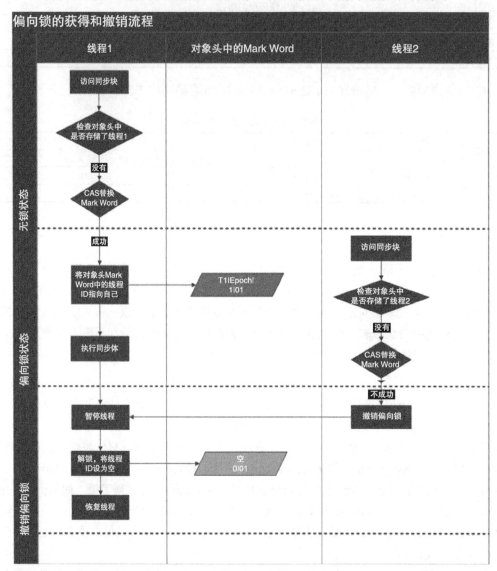

图 2-1 偏向锁初始化的流程

（2）关闭偏向锁

偏向锁在 Java 6 和 Java 7 里是默认启用的，但是它在应用程序启动几秒钟之后才激活，如有必要可以使用 JVM 参数来关闭延迟：-XX:BiasedLockingStartupDelay=0。如果你确定应用程序里所有的锁通常情况下处于竞争状态，可以通过 JVM 参数关闭偏向锁：-XX:-

UseBiasedLocking=false，那么程序默认会进入轻量级锁状态。

2. 轻量级锁

（1）轻量级锁加锁

线程在执行同步块之前，JVM 会先在当前线程的栈桢中创建用于存储锁记录的空间，并将对象头中的 Mark Word 复制到锁记录中，官方称为 Displaced Mark Word。然后线程尝试使用 CAS 将对象头中的 Mark Word 替换为指向锁记录的指针。如果成功，当前线程获得锁，如果失败，表示其他线程竞争锁，当前线程便尝试使用自旋来获取锁。

（2）轻量级锁解锁

轻量级解锁时，会使用原子的 CAS 操作将 Displaced Mark Word 替换回到对象头，如果成功，则表示没有竞争发生。如果失败，表示当前锁存在竞争，锁就会膨胀成重量级锁。图 2-2 是两个线程同时争夺锁，导致锁膨胀的流程图。

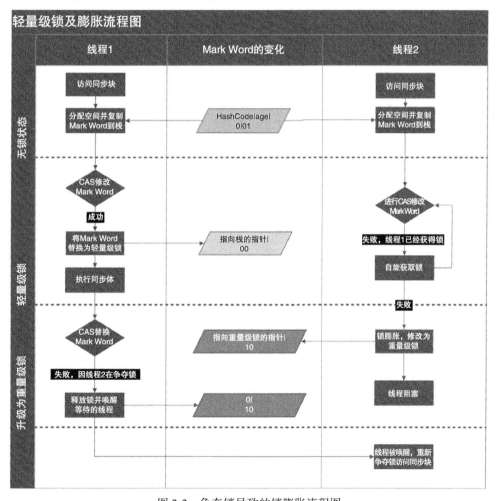

图 2-2　争夺锁导致的锁膨胀流程图

因为自旋会消耗 CPU，为了避免无用的自旋（比如获得锁的线程被阻塞住了），一旦锁升级成重量级锁，就不会再恢复到轻量级锁状态。当锁处于这个状态下，其他线程试图获取锁时，都会被阻塞住，当持有锁的线程释放锁之后会唤醒这些线程，被唤醒的线程就会进行新一轮的夺锁之争。

3. 锁的优缺点对比

表 2-6 是锁的优缺点的对比。

表 2-6　锁的优缺点的对比

锁	优　　点	缺　　点	适用场景
偏向锁	加锁和解锁不需要额外的消耗，和执行非同步方法相比仅存在纳秒级的差距	如果线程间存在锁竞争，会带来额外的锁撤销的消耗	适用于只有一个线程访问同步块场景
轻量级锁	竞争的线程不会阻塞，提高了程序的响应速度	如果始终得不到锁竞争的线程，使用自旋会消耗 CPU	追求响应时间 同步块执行速度非常快
重量级锁	线程竞争不使用自旋，不会消耗 CPU	线程阻塞，响应时间缓慢	追求吞吐量 同步块执行速度较长

2.3　原子操作的实现原理

原子（atomic）本意是"不能被进一步分割的最小粒子"，而原子操作（atomic operation）意为"不可被中断的一个或一系列操作"。在多处理器上实现原子操作就变得有点复杂。让我们一起来聊一聊在 Intel 处理器和 Java 里是如何实现原子操作的。

1. 术语定义

在了解原子操作的实现原理前，先要了解一下相关的术语，如表 2-7 所示。

表 2-7　CPU 术语定义

术语名称	英　　文	解　　释
缓存行	Cache line	缓存的最小操作单位
比较并交换	Compare and Swap	CAS 操作需要输入两个数值，一个旧值（期望操作前的值）和一个新值，在操作期间先比较旧值有没有发生变化，如果没有发生变化，才交换成新值，发生了变化则不交换
CPU 流水线	CPU pipeline	CPU 流水线的工作方式就像工业生产上的装配流水线，在 CPU 中由 5 ~ 6 个不同功能的电路单元组成一条指令处理流水线，然后将一条 X86 指令分成 5 ~ 6 步后再由这些电路单元分别执行，这样就能实现在一个 CPU 时钟周期完成一条指令，因此提高 CPU 的运算速度
内存顺序冲突	Memory order violation	内存顺序冲突一般是由假共享引起的，假共享是指多个 CPU 同时修改同一个缓存行的不同部分而引起其中一个 CPU 的操作无效，当出现这个内存顺序冲突时，CPU 必须清空流水线

2. 处理器如何实现原子操作

32 位 IA-32 处理器使用基于对缓存加锁或总线加锁的方式来实现多处理器之间的原子操作。首先处理器会自动保证基本的内存操作的原子性。处理器保证从系统内存中读取或者写入一个字节是原子的，意思是当一个处理器读取一个字节时，其他处理器不能访问这个字节的内存地址。Pentium 6 和最新的处理器能自动保证单处理器对同一个缓存行里进行 16/32/64 位的操作是原子的，但是复杂的内存操作处理器是不能自动保证其原子性的，比如跨总线宽度、跨多个缓存行和跨页表的访问。但是，处理器提供总线锁定和缓存锁定两个机制来保证复杂内存操作的原子性。

（1）使用总线锁保证原子性

第一个机制是通过总线锁保证原子性。如果多个处理器同时对共享变量进行读改写操作（i++ 就是经典的读改写操作），那么共享变量就会被多个处理器同时进行操作，这样读改写操作就不是原子的，操作完之后共享变量的值会和期望的不一致。举个例子，如果 i=1，我们进行两次 i++ 操作，我们期望的结果是 3，但是有可能结果是 2，如图 2-3 所示。

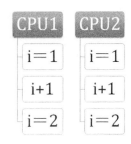

图 2-3　结果对比

原因可能是多个处理器同时从各自的缓存中读取变量 i，分别进行加 1 操作，然后分别写入系统内存中。那么，想要保证读改写共享变量的操作是原子的，就必须保证 CPU1 读改写共享变量的时候，CPU2 不能操作缓存了该共享变量内存地址的缓存。

处理器使用总线锁就是来解决这个问题的。所谓总线锁就是使用处理器提供的一个 LOCK ＃信号，当一个处理器在总线上输出此信号时，其他处理器的请求将被阻塞住，那么该处理器可以独占共享内存。

（2）使用缓存锁保证原子性

第二个机制是通过缓存锁定来保证原子性。在同一时刻，我们只需保证对某个内存地址的操作是原子性即可，但总线锁定把 CPU 和内存之间的通信锁住了，这使得锁定期间，其他处理器不能操作其他内存地址的数据，所以总线锁定的开销比较大，目前处理器在某些场合下使用缓存锁定代替总线锁定来进行优化。

频繁使用的内存会缓存在处理器的 L1、L2 和 L3 高速缓存里，那么原子操作就可以直接在处理器内部缓存中进行，并不需要声明总线锁，在 Pentium 6 和目前的处理器中可以使用 "缓存锁定" 的方式来实现复杂的原子性。所谓 "缓存锁定" 是指内存区域如果被缓存在处理器的缓存行中，并且在 Lock 操作期间被锁定，那么当它执行锁操作回写到内存时，处理器不在总线上声言 LOCK ＃信号，而是修改内部的内存地址，并允许它的缓存一致性机制来保证操作的原子性，因为缓存一致性机制会阻止同时修改由两个以上处理器缓存的内存区域数据，当其他处理器回写已被锁定的缓存行的数据时，会使缓存行无效，在如图 2-3 所示的例子中，当 CPU1 修改缓存行中的 i 时使用了缓存锁定，那么 CPU2 就不能同时缓存 i 的缓存行。

但是有两种情况下处理器不会使用缓存锁定。

第一种情况是：当操作的数据不能被缓存在处理器内部，或操作的数据跨多个缓存行（cache line）时，则处理器会调用总线锁定。

第二种情况是：有些处理器不支持缓存锁定。对于 Intel 486 和 Pentium 处理器，就算锁定的内存区域在处理器的缓存行中也会调用总线锁定。

针对以上两个机制，我们通过 Intel 处理器提供了很多 Lock 前缀的指令来实现。例如，位测试和修改指令：BTS、BTR、BTC；交换指令 XADD、CMPXCHG，以及其他一些操作数和逻辑指令（如 ADD、OR）等，被这些指令操作的内存区域就会加锁，导致其他处理器不能同时访问它。

3. Java 如何实现原子操作

在 Java 中可以通过**锁**和**循环 CAS** 的方式来实现原子操作。

（1）使用循环 CAS 实现原子操作

JVM 中的 CAS 操作正是利用了处理器提供的 CMPXCHG 指令实现的。自旋 CAS 实现的基本思路就是循环进行 CAS 操作直到成功为止，以下代码实现了一个基于 CAS 线程安全的计数器方法 safeCount 和一个非线程安全的计数器 count。

```java
public class Counter {
private AtomicInteger atomicI = new AtomicInteger(0);
    private int i = 0;
    public static void main(String[] args) {
        final Counter cas = new Counter();
        List<Thread> ts = new ArrayList<Thread>(600);
        long start = System.currentTimeMillis();
        for (int j = 0; j < 100; j++) {
            Thread t = new Thread(new Runnable() {
                @Override
                public void run() {
                    for (int i = 0; i < 10000; i++) {
                        cas.count();
                        cas.safeCount();
                    }
                }
            });
            ts.add(t);
        }
        for (Thread t : ts) {
            t.start();
        }
        // 等待所有线程执行完成
        for (Thread t : ts) {
            try {
                t.join();
```

```
            } catch (InterruptedException e) {
                e.printStackTrace();
            }

        }
        System.out.println(cas.i);
        System.out.println(cas.atomicI.get());
        System.out.println(System.currentTimeMillis() - start);
    }
    /**          * 使用 CAS 实现线程安全计数器          */
    private void safeCount() {
        for (;;) {
            int i = atomicI.get();
            boolean suc = atomicI.compareAndSet(i, ++i);
            if (suc) {
                break;
            }
        }
    }
    /**
     * 非线程安全计数器
     */
    private void count() {
        i++;
    }
}
```

从 Java 1.5 开始，JDK 的并发包里提供了一些类来支持原子操作，如 AtomicBoolean（用原子方式更新的 boolean 值）、AtomicInteger（用原子方式更新的 int 值）和 AtomicLong（用原子方式更新的 long 值）。这些原子包装类还提供了有用的工具方法，比如以原子的方式将当前值自增 1 和自减 1。

（2）CAS 实现原子操作的三大问题

在 Java 并发包中有一些并发框架也使用了自旋 CAS 的方式来实现原子操作，比如 LinkedTransferQueue 类的 Xfer 方法。CAS 虽然很高效地解决了原子操作，但是 CAS 仍然存在三大问题。ABA 问题，循环时间长开销大，以及只能保证一个共享变量的原子操作。

1）ABA 问题。因为 CAS 需要在操作值的时候，检查值有没有发生变化，如果没有发生变化则更新，但是如果一个值原来是 A，变成了 B，又变成了 A，那么使用 CAS 进行检查时会发现它的值没有发生变化，但是实际上却变化了。ABA 问题的解决思路就是使用版本号。在变量前面追加上版本号，每次变量更新的时候把版本号加 1，那么 A → B → A 就会变成 1A → 2B → 3A。从 Java 1.5 开始，JDK 的 Atomic 包里提供了一个类 AtomicStampedReference 来解决 ABA 问题。这个类的 compareAndSet 方法的作用是首先检查当前引用是否等于预期引用，并且检查当前标志是否等于预期标志，如果全部相等，则以原子方式将该引用和该标志的值设置为给定的更新值。

```
public boolean compareAndSet(
        V       expectedReference,    // 预期引用
        V       newReference,         // 更新后的引用
        int     expectedStamp,        // 预期标志
        int     newStamp              // 更新后的标志
)
```

2）**循环时间长开销大**。自旋 CAS 如果长时间不成功，会给 CPU 带来非常大的执行开销。如果 JVM 能支持处理器提供的 pause 指令，那么效率会有一定的提升。pause 指令有两个作用：第一，它可以延迟流水线执行指令（de-pipeline），使 CPU 不会消耗过多的执行资源，延迟的时间取决于具体实现的版本，在一些处理器上延迟时间是零；第二，它可以避免在退出循环的时候因内存顺序冲突（Memory Order Violation）而引起 CPU 流水线被清空（CPU Pipeline Flush），从而提高 CPU 的执行效率。

3）**只能保证一个共享变量的原子操作**。当对一个共享变量执行操作时，我们可以使用循环 CAS 的方式来保证原子操作，但是对多个共享变量操作时，循环 CAS 就无法保证操作的原子性，这个时候就可以用锁。还有一个取巧的办法，就是把多个共享变量合并成一个共享变量来操作。比如，有两个共享变量 i = 2,j=a，合并一下 ij=2a，然后用 CAS 来操作 ij。从 Java 1.5 开始，JDK 提供了 AtomicReference 类来保证引用对象之间的原子性，就可以把多个变量放在一个对象里来进行 CAS 操作。

（3）使用锁机制实现原子操作

锁机制保证了只有获得锁的线程才能够操作锁定的内存区域。JVM 内部实现了很多种锁机制，有偏向锁、轻量级锁和互斥锁。有意思的是除了偏向锁，JVM 实现锁的方式都用了循环 CAS，即当一个线程想进入同步块的时候使用循环 CAS 的方式来获取锁，当它退出同步块的时候使用循环 CAS 释放锁。

2.4　本章小结

本章我们一起研究了 volatile、synchronized 和原子操作的实现原理。Java 中的大部分容器和框架都依赖于本章介绍的 volatile 和原子操作的实现原理，了解这些原理对我们进行并发编程会更有帮助。

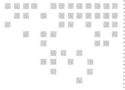

第 3 章 *Chapter 3*

Java 内存模型

Java 线程之间的通信对程序员完全透明，内存可见性问题很容易困扰 Java 程序员，本章将揭开 Java 内存模型神秘的面纱。本章大致分 4 部分：Java 内存模型的基础，主要介绍内存模型相关的基本概念；Java 内存模型中的顺序一致性，主要介绍重排序与顺序一致性内存模型；同步原语，主要介绍 3 个同步原语（synchronized、volatile 和 final）的内存语义及重排序规则在处理器中的实现；Java 内存模型的设计，主要介绍 Java 内存模型的设计原理，及其与处理器内存模型和顺序一致性内存模型的关系。

3.1 Java 内存模型的基础

3.1.1 并发编程模型的两个关键问题

在并发编程中，需要处理两个关键问题：线程之间如何通信及线程之间如何同步（这里的线程是指并发执行的活动实体）。通信是指线程之间以何种机制来交换信息。在命令式编程中，线程之间的通信机制有两种：共享内存和消息传递。

在共享内存的并发模型里，线程之间共享程序的公共状态，通过写 – 读内存中的公共状态进行隐式通信。在消息传递的并发模型里，线程之间没有公共状态，线程之间必须通过发送消息来显式进行通信。

同步是指程序中用于控制不同线程间操作发生相对顺序的机制。在共享内存并发模型里，同步是显式进行的。程序员必须显式指定某个方法或某段代码需要在线程之间互斥执行。在消息传递的并发模型里，由于消息的发送必须在消息的接收之前，因此同步是隐式进行的。

Java 的并发采用的是共享内存模型，Java 线程之间的通信总是隐式进行，整个通信过程对程序员完全透明。如果编写多线程程序的 Java 程序员不理解隐式进行的线程之间通信的工作机制，很可能会遇到各种奇怪的内存可见性问题。

3.1.2　Java 内存模型的抽象结构

在 Java 中，所有实例域、静态域和数组元素都存储在堆内存中，堆内存在线程之间共享（本章用"共享变量"这个术语代指实例域，静态域和数组元素）。局部变量（Local Variables），方法定义参数（Java 语言规范称之为 Formal Method Parameters）和异常处理器参数（Exception Handler Parameters）不会在线程之间共享，它们不会有内存可见性问题，也不受内存模型的影响。

Java 线程之间的通信由 Java 内存模型（本文简称为 JMM）控制，JMM 决定一个线程对共享变量的写入何时对另一个线程可见。从抽象的角度来看，JMM 定义了线程和主内存之间的抽象关系：线程之间的共享变量存储在主内存（Main Memory）中，每个线程都有一个私有的本地内存（Local Memory），本地内存中存储了该线程以读 / 写共享变量的副本。本地内存是 JMM 的一个抽象概念，并不真实存在。它涵盖了缓存、写缓冲区、寄存器以及其他的硬件和编译器优化。Java 内存模型的抽象示意如图 3-1 所示。

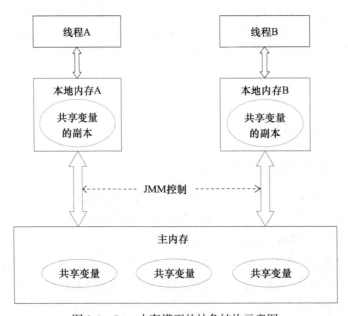

图 3-1　Java 内存模型的抽象结构示意图

从图 3-1 来看，如果线程 A 与线程 B 之间要通信的话，必须要经历下面 2 个步骤。

1）线程 A 把本地内存 A 中更新过的共享变量刷新到主内存中去。

2）线程 B 到主内存中去读取线程 A 之前已更新过的共享变量。

下面通过示意图（见图 3-2）来说明这两个步骤。

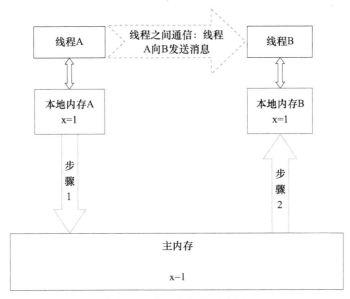

图 3-2　线程之间的通信图

如图 3-2 所示，本地内存 A 和本地内存 B 由主内存中共享变量 x 的副本。假设初始时，这 3 个内存中的 x 值都为 0。线程 A 在执行时，把更新后的 x 值（假设值为 1）临时存放在自己的本地内存 A 中。当线程 A 和线程 B 需要通信时，线程 A 首先会把自己本地内存中修改后的 x 值刷新到主内存中，此时主内存中的 x 值变为了 1。随后，线程 B 到主内存中去读取线程 A 更新后的 x 值，此时线程 B 的本地内存的 x 值也变为了 1。

从整体来看，这两个步骤实质上是线程 A 在向线程 B 发送消息，而且这个通信过程必须要经过主内存。JMM 通过控制主内存与每个线程的本地内存之间的交互，来为 Java 程序员提供内存可见性保证。

3.1.3　从源代码到指令序列的重排序

在执行程序时，为了提高性能，编译器和处理器常常会对指令做重排序。重排序分 3 种类型。

1）编译器优化的重排序。编译器在不改变单线程程序语义的前提下，可以重新安排语句的执行顺序。

2）指令级并行的重排序。现代处理器采用了指令级并行技术（Instruction-Level Parallelism，ILP）来将多条指令重叠执行。如果不存在数据依赖性，处理器可以改变语句对应机器指令的执行顺序。

3）内存系统的重排序。由于处理器使用缓存和读/写缓冲区，这使得加载和存储操作看上去可能是在乱序执行。

从 Java 源代码到最终实际执行的指令序列，会分别经历下面 3 种重排序，如图 3-3 所示。

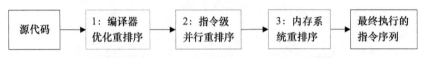

图 3-3 从源码到最终执行的指令序列的示意图

上述的 1 属于编译器重排序，2 和 3 属于处理器重排序。这些重排序可能会导致多线程程序出现内存可见性问题。对于编译器，JMM 的编译器重排序规则会禁止特定类型的编译器重排序（不是所有的编译器重排序都要禁止）。对于处理器重排序，JMM 的处理器重排序规则会要求 Java 编译器在生成指令序列时，插入特定类型的内存屏障（Memory Barriers，Intel 称之为 Memory Fence）指令，通过内存屏障指令来禁止特定类型的处理器重排序。

JMM 属于语言级的内存模型，它确保在不同的编译器和不同的处理器平台之上，通过禁止特定类型的编译器重排序和处理器重排序，为程序员提供一致的内存可见性保证。

3.1.4 并发编程模型的分类

现代的处理器使用写缓冲区临时保存向内存写入的数据。写缓冲区可以保证指令流水线持续运行，它可以避免由于处理器停顿下来等待向内存写入数据而产生的延迟。同时，通过以批处理的方式刷新写缓冲区，以及合并写缓冲区中对同一内存地址的多次写，减少对内存总线的占用。虽然写缓冲区有这么多好处，但每个处理器上的写缓冲区，仅仅对它所在的处理器可见。这个特性会对内存操作的执行顺序产生重要的影响：处理器对内存的读/写操作的执行顺序，不一定与内存实际发生的读/写操作顺序一致！为了具体说明，请看下面的表 3-1。

表 3-1 处理器操作内存的执行结果

示例项 \ 处理器	Processor A	Processor B

代码	a = 1; //A1
	x = b; //A2
		b = 2; //B1
		y = a; //B2

运行结果	初始状态：a = b = 0 处理器允许执行后得到结果：x = y = 0	

假设处理器 A 和处理器 B 按程序的顺序并行执行内存访问，最终可能得到 x = y = 0 的结果。具体的原因如图 3-4 所示。

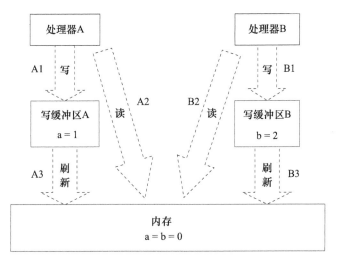

图 3-4　处理器和内存的交互

这里处理器 A 和处理器 B 可以同时把共享变量写入自己的写缓冲区（A1，B1），然后从内存中读取另一个共享变量（A2，B2），最后才把自己写缓存区中保存的脏数据刷新到内存中（A3，B3）。当以这种时序执行时，程序就可以得到 x = y = 0 的结果。

从内存操作实际发生的顺序来看，直到处理器 A 执行 A3 来刷新自己的写缓存区，写操作 A1 才算真正执行了。虽然处理器 A 执行内存操作的顺序为：A1 → A2，但内存操作实际发生的顺序却是 A2 → A1。此时，处理器 A 的内存操作顺序被重排序了（处理器 B 的情况和处理器 A 一样，这里就不赘述了）。

这里的关键是，由于写缓冲区仅对自己的处理器可见，它会导致处理器执行内存操作的顺序可能会与内存实际的操作执行顺序不一致。由于现代的处理器都会使用写缓冲区，因此现代的处理器都会允许对写 – 读操作进行重排序。

表 3-2 是常见处理器允许的重排序类型的列表。

表 3-2　处理器的重排序规则

规则 处理器	Load-Load	Load-Store	Store-Store	Store-Load	数据依赖
SPARC-TSO	N	N	N	Y	N
x86	N	N	N	Y	N
IA64	Y	Y	Y	Y	N
PowerPC	Y	Y	Y	Y	N

注意，表 3-2 单元格中的"N"表示处理器不允许两个操作重排序，"Y"表示允许重排序。

从表 3-2 我们可以看出：常见的处理器都允许 Store-Load 重排序；常见的处理器都不允许对存在数据依赖的操作做重排序。sparc-TSO 和 X86 拥有相对较强的处理器内存模型，它

们仅允许对写 – 读操作做重排序（因为它们都使用了写缓冲区）。

❑ sparc-TSO 是指以 TSO（Total Store Order）内存模型运行时 sparc 处理器的特性。
❑ 表 3-2 中的 X86 包括 X64 及 AMD64。
❑ 由于 ARM 处理器的内存模型与 PowerPC 处理器的内存模型非常类似，本文将忽略它。
❑ 数据依赖性后文会专门说明。

为了保证内存可见性，Java 编译器在生成指令序列的适当位置会插入内存屏障指令来禁止特定类型的处理器重排序。JMM 把内存屏障指令分为 4 类，如表 3-3 所示。

表 3-3 内存屏障类型表

屏障类型	指令示例	说　明
LoadLoad Barriers	Load1; LoadLoad; Load2	确保 Load1 数据的装载先于 Load2 及所有后续装载指令的装载
StoreStore Barriers	Store1; StoreStore; Store2	确保 Store1 数据对其他处理器可见（刷新到内存）先于 Store2 及所有后续存储指令的存储
LoadStore Barriers	Load1; LoadStore; Store2	确保 Load1 数据装载先于 Store2 及所有后续的存储指令刷新到内存
StoreLoad Barriers	Store1; StoreLoad; Load2	确保 Store1 数据对其他处理器变得可见（指刷新到内存）先于 Load2 及所有后续装载指令的装载。StoreLoad Barriers 会使该屏障之前的所有内存访问指令（存储和装载指令）完成之后，才执行该屏障之后的内存访问指令

StoreLoad Barriers 是一个"全能型"的屏障，它同时具有其他 3 个屏障的效果。现代的多处理器大多支持该屏障（其他类型的屏障不一定被所有处理器支持）。执行该屏障开销会很昂贵，因为当前处理器通常要把写缓冲区中的数据全部刷新到内存中（Buffer Fully Flush）。

3.1.5　happens-before 简介

从 JDK 5 开始，Java 使用新的 JSR-133 内存模型（除非特别说明，本文针对的都是 JSR-133 内存模型）。JSR-133 使用 happens- before 的概念来阐述操作之间的内存可见性。在 JMM 中，如果一个操作执行的结果需要对另一个操作可见，那么这两个操作之间必须要存在 happens- before 关系。这里提到的两个操作既可以是在一个线程之内，也可以是在不同线程之间。

与程序员密切相关的 happens- before 规则如下。

❑ 程序顺序规则：一个线程中的每个操作，happens- before 于该线程中的任意后续操作。
❑ 监视器锁规则：对一个锁的解锁，happens- before 于随后对这个锁的加锁。

- volatile 变量规则：对一个 volatile 域的写，happens- before 于任意后续对这个 volatile 域的读。
- 传递性：如果 A happens- before B，且 B happens- before C，那么 A happens- before C。

注意 两个操作之间具有 happens-before 关系，并不意味着前一个操作必须要在后一个操作之前执行！ happens-before 仅仅要求前一个操作（执行的结果）对后一个操作可见，且前一个操作按顺序排在第二个操作之前（the first is visible to and ordered before the second）。happens- before 的定义很微妙，后文会具体说明 happens-before 为什么要这么定义。

---

happens-before 与 JMM 的关系如图 3-5 所示。

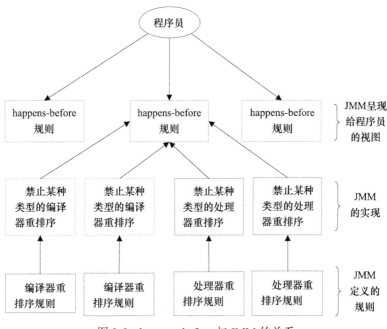

图 3-5　happens-before 与 JMM 的关系

如图 3-5 所示，一个 happens-before 规则对应于一个或多个编译器和处理器重排序规则。对于 Java 程序员来说，happens-before 规则简单易懂，它避免 Java 程序员为了理解 JMM 提供的内存可见性保证而去学习复杂的重排序规则以及这些规则的具体实现方法。

3.2　重排序

重排序是指编译器和处理器为了优化程序性能而对指令序列进行重新排序的一种手段。

3.2.1 数据依赖性

如果两个操作访问同一个变量，且这两个操作中有一个为写操作，此时这两个操作之间就存在数据依赖性。数据依赖分为下列 3 种类型，如表 3-4 所示。

表 3-4 数据依赖类型表

名　称	代码示例	说　明
写后读	a = 1; b = a;	写一个变量之后，再读这个位置
写后写	a = 1; a = 2;	写一个变量之后，再写这个变量
读后写	a = b; b = 1;	读一个变量之后，再写这个变量

上面 3 种情况，只要重排序两个操作的执行顺序，程序的执行结果就会被改变。

前面提到过，编译器和处理器可能会对操作做重排序。编译器和处理器在重排序时，会遵守数据依赖性，编译器和处理器不会改变存在数据依赖关系的两个操作的执行顺序。

这里所说的数据依赖性仅针对单个处理器中执行的指令序列和单个线程中执行的操作，不同处理器之间和不同线程之间的数据依赖性不被编译器和处理器考虑。

3.2.2 as-if-serial 语义

as-if-serial 语义的意思是：不管怎么重排序（编译器和处理器为了提高并行度），（单线程）程序的执行结果不能被改变。编译器、runtime 和处理器都必须遵守 as-if-serial 语义。

为了遵守 as-if-serial 语义，编译器和处理器不会对存在数据依赖关系的操作做重排序，因为这种重排序会改变执行结果。但是，如果操作之间不存在数据依赖关系，这些操作就可能被编译器和处理器重排序。为了具体说明，请看下面计算圆面积的代码示例。

```
double pi  = 3.14;        // A
double r   = 1.0;         // B
double area = pi * r * r; // C
```

上面 3 个操作的数据依赖关系如图 3-6 所示。

如图 3-6 所示，A 和 C 之间存在数据依赖关系，同时 B 和 C 之间也存在数据依赖关系。因此在最终执行的指令序列中，C 不能被重排序到 A 和 B 的前面（C 排到 A 和 B 的前面，程序的结果将会被改变）。但 A 和 B 之间没有数据依赖关系，编译器和处理器可以重排序 A 和 B 之间的执行顺序。图 3-7 是该程序的两种执行顺序。

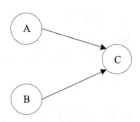

图 3-6　3 个操作之间的依赖关系

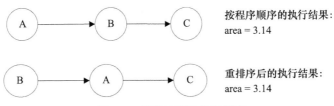

图 3-7　程序的两种执行顺序

as-if-serial 语义把单线程程序保护了起来，遵守 as-if-serial 语义的编译器、runtime 和处理器共同为编写单线程程序的程序员创建了一个幻觉：单线程程序是按程序的顺序来执行的。as-if-serial 语义使单线程程序员无需担心重排序会干扰他们，也无需担心内存可见性问题。

3.2.3　程序顺序规则

根据 happens- before 的程序顺序规则，上面计算圆的面积的示例代码存在 3 个 happens-before 关系。

1）A　happens- before B。

2）B　happens- before C。

3）A　happens- before C。

这里的第 3 个 happens- before 关系，是根据 happens- before 的传递性推导出来的。

这里 A happens- before B，但实际执行时 B 却可以排在 A 之前执行（看上面的重排序后的执行顺序）。如果 A happens- before B，JMM 并不要求 A 一定要在 B 之前执行。JMM 仅仅要求前一个操作（执行的结果）对后一个操作可见，且前一个操作按顺序排在第二个操作之前。这里操作 A 的执行结果不需要对操作 B 可见；而且重排序操作 A 和操作 B 后的执行结果，与操作 A 和操作 B 按 happens- before 顺序执行的结果一致。在这种情况下，JMM 会认为这种重排序并不非法（not illegal），JMM 允许这种重排序。

在计算机中，软件技术和硬件技术有一个共同的目标：在不改变程序执行结果的前提下，尽可能提高并行度。编译器和处理器遵从这一目标，从 happens- before 的定义我们可以看出，JMM 同样遵从这一目标。

3.2.4　重排序对多线程的影响

现在让我们来看看，重排序是否会改变多线程程序的执行结果。请看下面的示例代码。

```
class ReorderExample {
    int a = 0;
    boolean flag = false;

    public void writer() {
```

```
    a = 1;                      // 1
    flag = true;               // 2
}

Public void reader() {
    if (flag) {                // 3
        int i =  a * a;        // 4
        ......
    }
  }
}
```

flag 变量是个标记，用来标识变量 a 是否已被写入。这里假设有两个线程 A 和 B，A 首先执行 writer() 方法，随后 B 线程接着执行 reader() 方法。线程 B 在执行操作 4 时，能否看到线程 A 在操作 1 对共享变量 a 的写入呢？

答案是：不一定能看到。

由于操作 1 和操作 2 没有数据依赖关系，编译器和处理器可以对这两个操作重排序；同样，操作 3 和操作 4 没有数据依赖关系，编译器和处理器也可以对这两个操作重排序。让我们先来看看，当操作 1 和操作 2 重排序时，可能会产生什么效果？请看下面的程序执行时序图，如图 3-8 所示。

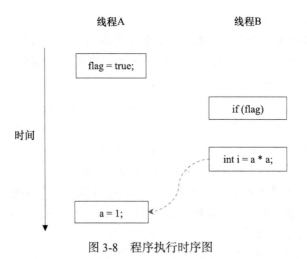

图 3-8　程序执行时序图

如图 3-8 所示，操作 1 和操作 2 做了重排序。程序执行时，线程 A 首先写标记变量 flag，随后线程 B 读这个变量。由于条件判断为真，线程 B 将读取变量 a。此时，变量 a 还没有被线程 A 写入，在这里多线程程序的语义被重排序破坏了！

注意 本文统一用虚箭线标识错误的读操作，用实箭线标识正确的读操作。

下面再让我们看看，当操作 3 和操作 4 重排序时会产生什么效果（借助这个重排序，可以顺便说明控制依赖性）。下面是操作 3 和操作 4 重排序后，程序执行的时序图，如图 3-9 所示。

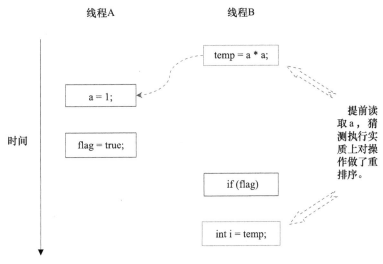

图 3-9　程序的执行时序图

在程序中，操作 3 和操作 4 存在控制依赖关系。当代码中存在控制依赖性时，会影响指令序列执行的并行度。为此，编译器和处理器会采用猜测（Speculation）执行来克服控制相关性对并行度的影响。以处理器的猜测执行为例，执行线程 B 的处理器可以提前读取并计算 a*a，然后把计算结果临时保存到一个名为重排序缓冲（Reorder Buffer, ROB）的硬件缓存中。当操作 3 的条件判断为真时，就把该计算结果写入变量 i 中。

从图 3-9 中我们可以看出，猜测执行实质上对操作 3 和 4 做了重排序。重排序在这里破坏了多线程程序的语义！

在单线程程序中，对存在控制依赖的操作重排序，不会改变执行结果（这也是 as-if-serial 语义允许对存在控制依赖的操作做重排序的原因）；但在多线程程序中，对存在控制依赖的操作重排序，可能会改变程序的执行结果。

3.3　顺序一致性

顺序一致性内存模型是一个理论参考模型，在设计的时候，处理器的内存模型和编程语言的内存模型都会以顺序一致性内存模型作为参照。

3.3.1　数据竞争与顺序一致性

当程序未正确同步时，就可能会存在数据竞争。Java 内存模型规范对数据竞争的定义如下。

在一个线程中写一个变量，

在另一个线程读同一个变量，

而且写和读没有通过同步来排序。

当代码中包含数据竞争时，程序的执行往往产生违反直觉的结果（前一章的示例正是如此）。如果一个多线程程序能正确同步，这个程序将是一个没有数据竞争的程序。

JMM 对正确同步的多线程程序的内存一致性做了如下保证。

如果程序是正确同步的，程序的执行将具有顺序一致性（Sequentially Consistent）——即程序的执行结果与该程序在顺序一致性内存模型中的执行结果相同。马上我们就会看到，这对于程序员来说是一个极强的保证。这里的同步是指广义上的同步，包括对常用同步原语（synchronized、volatile 和 final）的正确使用。

3.3.2　顺序一致性内存模型

顺序一致性内存模型是一个被计算机科学家理想化了的理论参考模型，它为程序员提供了极强的内存可见性保证。顺序一致性内存模型有两大特性。

1）一个线程中的所有操作必须按照程序的顺序来执行。

2）（不管程序是否同步）所有线程都只能看到一个单一的操作执行顺序。在顺序一致性内存模型中，每个操作都必须原子执行且立刻对所有线程可见。

顺序一致性内存模型为程序员提供的视图如图 3-10 所示。

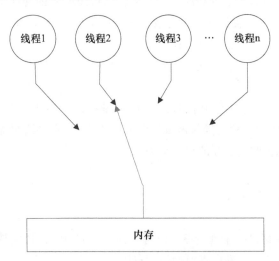

图 3-10　顺序一致性内存模型的视图

在概念上，顺序一致性模型有一个单一的全局内存，这个内存通过一个左右摆动的开关可以连接到任意一个线程，同时每一个线程必须按照程序的顺序来执行内存读 / 写操作。从上面的示意图可以看出，在任意时间点最多只能有一个线程可以连接到内存。当多个线程并发执行时，图中的开关装置能把所有线程的所有内存读 / 写操作串行化（即在顺序一致性模型中，所有操作之间具有全序关系）。

为了更好进行理解，下面通过两个示意图来对顺序一致性模型的特性做进一步的说明。

假设有两个线程 A 和 B 并发执行。其中 A 线程有 3 个操作，它们在程序中的顺序是：**A1 → A2 → A3**。B 线程也有 3 个操作，它们在程序中的顺序是：**B1 → B2 → B3**。

假设这两个线程使用监视器锁来正确同步：A 线程的 3 个操作执行后释放监视器锁，随后 B 线程获取同一个监视器锁。那么程序在顺序一致性模型中的执行效果将如图 3-11 所示。

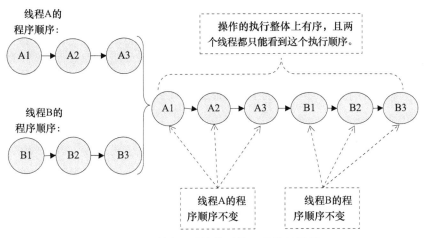

图 3-11　顺序一致性模型的一种执行效果

现在我们再假设这两个线程没有做同步，下面是这个未同步程序在顺序一致性模型中的执行示意图，如图 3-12 所示。

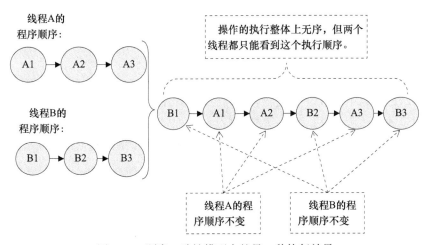

图 3-12　顺序一致性模型中的另一种执行效果

未同步程序在顺序一致性模型中虽然整体执行顺序是无序的，但所有线程都只能看到一个一致的整体执行顺序。以上图为例，线程 A 和 B 看到的执行顺序都是：B1 → A1 → A2 → B2 → A3 → B3。之所以能得到这个保证是因为顺序一致性内存模型中的每个操作必须立即对任意线程可见。

但是，在 JMM 中就没有这个保证。未同步程序在 JMM 中不但整体的执行顺序是无序的，而且所有线程看到的操作执行顺序也可能不一致。比如，在当前线程把写过的数据缓存在本地内存中，在没有刷新到主内存之前，这个写操作仅对当前线程可见；从其他线程的角度来观察，会认为这个写操作根本没有被当前线程执行。只有当前线程把本地内存中写过的数据刷新到主内存之后，这个写操作才能对其他线程可见。在这种情况下，当前线程和其他线程看到的操作执行顺序将不一致。

3.3.3　同步程序的顺序一致性效果

下面，对前面的示例程序 ReorderExample 用锁来同步，看看正确同步的程序如何具有顺序一致性。

请看下面的示例代码。

```
class SynchronizedExample {
    int a = 0;
    boolean flag = false;

    public synchronized void writer() {          // 获取锁
        a = 1;
        flag = true;
    }                                            // 释放锁

    public synchronized void reader() {          // 获取锁
        if (flag) {
            int i = a;
            ......
        }                                        // 释放锁
    }
}
```

在上面示例代码中，假设 A 线程执行 writer() 方法后，B 线程执行 reader() 方法。这是一个正确同步的多线程程序。根据 JMM 规范，该程序的执行结果将与该程序在顺序一致性模型中的执行结果相同。下面是该程序在两个内存模型中的执行时序对比图，如图 3-13 所示。

顺序一致性模型中，所有操作完全按程序的顺序串行执行。而在 JMM 中，临界区内的代码可以重排序（但 JMM 不允许临界区内的代码 "逸出" 到临界区之外，那样会破坏监视器的语义）。JMM 会在退出临界区和进入临界区这两个关键时间点做一些特别处理，使得线程在这两个时间点具有与顺序一致性模型相同的内存视图（具体细节后文会说明）。虽然线程 A 在临界区内做了重排序,但由于监视器互斥执行的特性,这里的线程 B 根本无法"观察"到线程 A 在临界区内的重排序。这种重排序既提高了执行效率,又没有改变程序的执行结果。

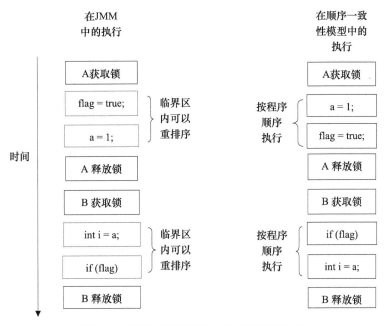

图 3-13 两个内存模型中的执行时序对比图

从这里我们可以看到,JMM 在具体实现上的基本方针为:在不改变(正确同步的)程序执行结果的前提下,尽可能地为编译器和处理器的优化打开方便之门。

3.3.4 未同步程序的执行特性

对于未同步或未正确同步的多线程程序,JMM 只提供最小安全性:线程执行时读取到的值,要么是之前某个线程写入的值,要么是默认值(0,Null,False),JMM 保证线程读操作读取到的值不会无中生有(Out Of Thin Air)的冒出来。为了实现最小安全性,JVM 在堆上分配对象时,首先会对内存空间进行清零,然后才会在上面分配对象(JVM 内部会同步这两个操作)。因此,在已清零的内存空间(Pre-zeroed Memory)分配对象时,域的默认初始化已经完成了。

JMM 不保证未同步程序的执行结果与该程序在顺序一致性模型中的执行结果一致。因为如果想要保证执行结果一致,JMM 需要禁止大量的处理器和编译器的优化,这对程序的执行性能会产生很大的影响。而且未同步程序在顺序一致性模型中执行时,整体是无序的,其执行结果往往无法预知。而且,保证未同步程序在这两个模型中的执行结果一致没什么意义。

未同步程序在 JMM 中的执行时，整体上是无序的，其执行结果无法预知。未同步程序在两个模型中的执行特性有如下几个差异。

1）顺序一致性模型保证单线程内的操作会按程序的顺序执行，而 JMM 不保证单线程内的操作会按程序的顺序执行（比如上面正确同步的多线程程序在临界区内的重排序）。这一点前面已经讲过了，这里就不再赘述。

2）顺序一致性模型保证所有线程只能看到一致的操作执行顺序，而 JMM 不保证所有线程能看到一致的操作执行顺序。这一点前面也已经讲过，这里就不再赘述。

3）JMM 不保证对 64 位的 long 型和 double 型变量的写操作具有原子性，而顺序一致性模型保证对所有的内存读 / 写操作都具有原子性。

第 3 个差异与处理器总线的工作机制密切相关。在计算机中，数据通过总线在处理器和内存之间传递。每次处理器和内存之间的数据传递都是通过一系列步骤来完成的，这一系列步骤称之为总线事务（Bus Transaction）。总线事务包括读事务（Read Transaction）和写事务（Write Transaction）。读事务从内存传送数据到处理器，写事务从处理器传送数据到内存，每个事务会读 / 写内存中一个或多个物理上连续的字。这里的关键是，总线会同步试图并发使用总线的事务。在一个处理器执行总线事务期间，总线会禁止其他的处理器和 I/O 设备执行内存的读 / 写。下面，让我们通过一个示意图来说明总线的工作机制，如图 3-14 所示。

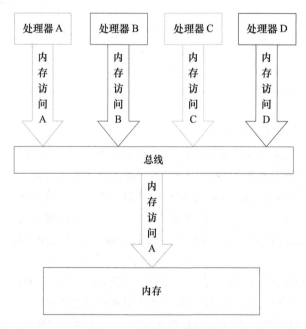

图 3-14　总线的工作机制

由图可知，假设处理器 A，B 和 C 同时向总线发起总线事务，这时总线仲裁（Bus

Arbitration）会对竞争做出裁决，这里假设总线在仲裁后判定处理器 A 在竞争中获胜（总线仲裁会确保所有处理器都能公平的访问内存）。此时处理器 A 继续它的总线事务，而其他两个处理器则要等待处理器 A 的总线事务完成后才能再次执行内存访问。假设在处理器 A 执行总线事务期间（不管这个总线事务是读事务还是写事务），处理器 D 向总线发起了总线事务，此时处理器 D 的请求会被总线禁止。

　　总线的这些工作机制可以把所有处理器对内存的访问以串行化的方式来执行。在任意时间点，最多只能有一个处理器可以访问内存。这个特性确保了单个总线事务之中的内存读 / 写操作具有原子性。

　　在一些 32 位的处理器上，如果要求对 64 位数据的写操作具有原子性，会有比较大的开销。为了照顾这种处理器，Java 语言规范鼓励但不强求 JVM 对 64 位的 long 型变量和 double 型变量的写操作具有原子性。当 JVM 在这种处理器上运行时，可能会把一个 64 位 long/double 型变量的写操作拆分为两个 32 位的写操作来执行。这两个 32 位的写操作可能会被分配到不同的总线事务中执行，此时对这个 64 位变量的写操作将不具有原子性。

　　当单个内存操作不具有原子性时，可能会产生意想不到后果。请看示意图，如图 3-15 所示。

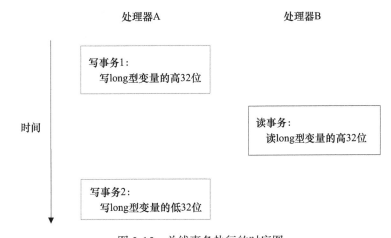

图 3-15　总线事务执行的时序图

　　如上图所示，假设处理器 A 写一个 long 型变量，同时处理器 B 要读这个 long 型变量。处理器 A 中 64 位的写操作被拆分为两个 32 位的写操作，且这两个 32 位的写操作被分配到不同的写事务中执行。同时，处理器 B 中 64 位的读操作被分配到单个的读事务中执行。当处理器 A 和 B 按上图的时序来执行时，处理器 B 将看到仅仅被处理器 A "写了一半"的无效值。

　　注意，在 JSR -133 之前的旧内存模型中，一个 64 位 long/double 型变量的读 / 写操作可以被拆分为两个 32 位的读 / 写操作来执行。从 JSR -133 内存模型开始（即从 JDK5 开始），仅仅只允许把一个 64 位 long/double 型变量的写操作拆分为两个 32 位的写操作来执行，任意的读操作在 JSR -133 中都必须具有原子性（即任意读操作必须要在单个读事务中执行）。

3.4　volatile 的内存语义

当声明共享变量为 volatile 后，对这个变量的读 / 写将会很特别。为了揭开 volatile 的神秘面纱，下面将介绍 volatile 的内存语义及 volatile 内存语义的实现。

3.4.1　volatile 的特性

理解 volatile 特性的一个好方法是把对 volatile 变量的单个读 / 写，看成是使用同一个锁对这些单个读 / 写操作做了同步。下面通过具体的示例来说明，示例代码如下。

```
class VolatileFeaturesExample {
    volatile long vl = 0L;                      // 使用 volatile 声明 64 位的 long 型变量

    public void set(long l) {
        vl = l;                                 // 单个 volatile 变量的写
    }

    public void getAndIncrement () {
        vl++;                                   // 复合（多个）volatile 变量的读 / 写
    }


    public long get() {
        return vl;                              // 单个 volatile 变量的读
    }
}
```

假设有多个线程分别调用上面程序的 3 个方法，这个程序在语义上和下面程序等价。

```
class VolatileFeaturesExample {
    long vl = 0L;                               // 64 位的 long 型普通变量

    public synchronized void set(long l) {      // 对单个的普通变量的写用同一个锁同步
        vl = l;
    }

    public void getAndIncrement () {            // 普通方法调用
        long temp = get();                      // 调用已同步的读方法
        temp += 1L;                             // 普通写操作
        set(temp);                              // 调用已同步的写方法
    }


    public synchronized long get() {            // 对单个的普通变量的读用同一个锁同步
```

```
        return v1;
    }
}
```

如上面示例程序所示，一个 volatile 变量的单个读 / 写操作，与一个普通变量的读 / 写操作都是使用同一个锁来同步，它们之间的执行效果相同。

锁的 happens-before 规则保证释放锁和获取锁的两个线程之间的内存可见性，这意味着对一个 volatile 变量的读，总是能看到（任意线程）对这个 volatile 变量最后的写入。

锁的语义决定了临界区代码的执行具有原子性。这意味着，即使是 64 位的 long 型和 double 型变量，只要它是 volatile 变量，对该变量的读 / 写就具有原子性。如果是多个 volatile 操作或类似于 volatile++ 这种复合操作，这些操作整体上不具有原子性。

简而言之，volatile 变量自身具有下列特性。

❑ 可见性。对一个 volatile 变量的读，总是能看到（任意线程）对这个 volatile 变量最后的写入。

❑ 原子性：对任意单个 volatile 变量的读 / 写具有原子性，但类似于 volatile++ 这种复合操作不具有原子性。

3.4.2　volatile 写 – 读建立的 happens-before 关系

上面讲的是 volatile 变量自身的特性，对程序员来说，volatile 对线程的内存可见性的影响比 volatile 自身的特性更为重要，也更需要我们去关注。

从 JSR-133 开始（即从 JDK5 开始），volatile 变量的写 – 读可以实现线程之间的通信。

从内存语义的角度来说，volatile 的写 – 读与锁的释放 – 获取有相同的内存效果：volatile 写和锁的释放有相同的内存语义；volatile 读与锁的获取有相同的内存语义。

请看下面使用 volatile 变量的示例代码。

```
class VolatileExample {
    int          a = 0;
    volatile boolean flag = false;

    public void writer() {
        a = 1;                    //1
        flag = true;              //2
    }

    public void reader() {
        if (flag) {               //3
            int i = a;            //4
            ......
        }
    }
}
```

假设线程 A 执行 writer() 方法之后，线程 B 执行 reader() 方法。根据 happens-before 规则，这个过程建立的 happens-before 关系可以分为 3 类：

1）根据程序次序规则，1 happens-before 2；3 happens-before 4。

2）根据 volatile 规则，2 happens-before 3。

3）根据 happens-before 的传递性规则，1 happens-before 4。

上述 happens-before 关系的图形化表现形式如下。

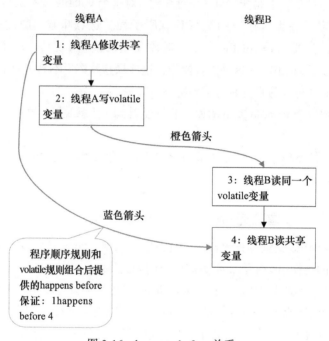

图 3-16　happens-before 关系

在上图中，每一个箭头链接的两个节点，代表了一个 happens-before 关系。黑色箭头表示程序顺序规则；橙色箭头表示 volatile 规则；蓝色箭头表示组合这些规则后提供的 happens-before 保证。

这里 A 线程写一个 volatile 变量后，B 线程读同一个 volatile 变量。A 线程在写 volatile 变量之前所有可见的共享变量，在 B 线程读同一个 volatile 变量后，将立即变得对 B 线程可见。

📝 注意　本文统一用粗实线标识组合后产生的 happens-before 关系。

3.4.3　volatile 写 – 读的内存语义

volatile 写的内存语义如下。

当写一个 volatile 变量时，JMM 会把该线程对应的本地内存中的共享变量值刷新到主内存。

以上面示例程序 VolatileExample 为例，假设线程 A 首先执行 writer() 方法，随后线程 B 执行 reader() 方法，初始时两个线程的本地内存中的 flag 和 a 都是初始状态。图 3-17 是线程 A 执行 volatile 写后，共享变量的状态示意图。

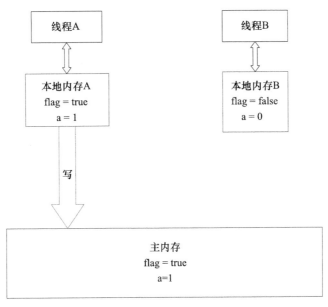

图 3-17　共享变量的状态示意图

如图 3-17 所示，线程 A 在写 flag 变量后，本地内存 A 中被线程 A 更新过的两个共享变量的值被刷新到主内存中。此时，本地内存 A 和主内存中的共享变量的值是一致的。

volatile 读的内存语义如下。

当读一个 volatile 变量时，JMM 会把该线程对应的本地内存置为无效。线程接下来将从主内存中读取共享变量。

图 3-18 为线程 B 读同一个 volatile 变量后，共享变量的状态示意图。

如图所示，在读 flag 变量后，本地内存 B 包含的值已经被置为无效。此时，线程 B 必须从主内存中读取共享变量。线程 B 的读取操作将导致本地内存 B 与主内存中的共享变量的值变成一致。

如果我们把 volatile 写和 volatile 读两个步骤综合起来看的话，在读线程 B 读一个 volatile 变量后，写线程 A 在写这个 volatile 变量之前所有可见的共享变量的值都将立即变得对读线程 B 可见。

下面对 volatile 写和 volatile 读的内存语义做个总结。

❑ 线程 A 写一个 volatile 变量，实质上是线程 A 向接下来将要读这个 volatile 变量的某个线程发出了（其对共享变量所做修改的）消息。

❑ 线程 B 读一个 volatile 变量，实质上是线程 B 接收了之前某个线程发出的（在写这个 volatile 变量之前对共享变量所做修改的）消息。

❑ 线程 A 写一个 volatile 变量，随后线程 B 读这个 volatile 变量，这个过程实质上是线程 A 通过主内存向线程 B 发送消息。

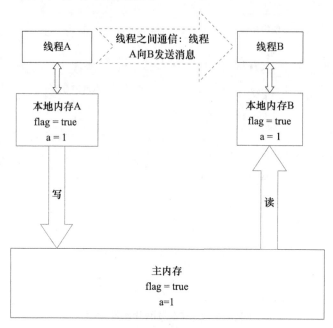

图 3-18 共享变量的状态示意图

3.4.4 volatile 内存语义的实现

下面来看看 JMM 如何实现 volatile 写 / 读的内存语义。

前文提到过重排序分为编译器重排序和处理器重排序。为了实现 volatile 内存语义，JMM 会分别限制这两种类型的重排序类型。表 3-5 是 JMM 针对编译器制定的 volatile 重排序规则表。

表 3-5 volatile 重排序规则表

是否能重排序	第二个操作		
第一个操作	普通读 / 写	volatile 读	volatile 写
普通读 / 写			NO
volatile 读	NO	NO	NO
volatile 写		NO	NO

举例来说，第三行最后一个单元格的意思是：在程序中，当第一个操作为普通变量的读或写时，如果第二个操作为 volatile 写，则编译器不能重排序这两个操作。

从表 3-5 我们可以看出。

□ 当第二个操作是 volatile 写时，不管第一个操作是什么，都不能重排序。这个规则确保 volatile 写之前的操作不会被编译器重排序到 volatile 写之后。

□ 当第一个操作是 volatile 读时，不管第二个操作是什么，都不能重排序。这个规则确保 volatile 读之后的操作不会被编译器重排序到 volatile 读之前。

□ 当第一个操作是 volatile 写，第二个操作是 volatile 读时，不能重排序。

为了实现 volatile 的内存语义，编译器在生成字节码时，会在指令序列中插入内存屏障来禁止特定类型的处理器重排序。对于编译器来说，发现一个最优布置来最小化插入屏障的总数几乎不可能。为此，JMM 采取保守策略。下面是基于保守策略的 JMM 内存屏障插入策略。

□ 在每个 volatile 写操作的前面插入一个 StoreStore 屏障。

□ 在每个 volatile 写操作的后面插入一个 StoreLoad 屏障。

□ 在每个 volatile 读操作的后面插入一个 LoadLoad 屏障。

□ 在每个 volatile 读操作的后面插入一个 LoadStore 屏障。

上述内存屏障插入策略非常保守，但它可以保证在任意处理器平台，任意的程序中都能得到正确的 volatile 内存语义。

下面是保守策略下，volatile 写插入内存屏障后生成的指令序列示意图，如图 3-19 所示。

图 3-19　指令序列示意图

图 3-19 中的 StoreStore 屏障可以保证在 volatile 写之前，其前面的所有普通写操作已经对任意处理器可见了。这是因为 StoreStore 屏障将保障上面所有的普通写在 volatile 写之前刷新到主内存。

这里比较有意思的是，volatile 写后面的 StoreLoad 屏障。此屏障的作用是避免 volatile 写与后面可能有的 volatile 读 / 写操作重排序。因为编译器常常无法准确判断在一个 volatile

写的后面是否需要插入一个 StoreLoad 屏障（比如，一个 volatile 写之后方法立即 return）。为了保证能正确实现 volatile 的内存语义，JMM 在采取了保守策略：在每个 volatile 写的后面，或者在每个 volatile 读的前面插入一个 StoreLoad 屏障。从整体执行效率的角度考虑，JMM 最终选择了在每个 volatile 写的后面插入一个 StoreLoad 屏障。因为 volatile 写 – 读内存语义的常见使用模式是：一个写线程写 volatile 变量，多个读线程读同一个 volatile 变量。当读线程的数量大大超过写线程时，选择在 volatile 写之后插入 StoreLoad 屏障将带来可观的执行效率的提升。从这里可以看到 JMM 在实现上的一个特点：首先确保正确性，然后再去追求执行效率。

下面是在保守策略下，volatile 读插入内存屏障后生成的指令序列示意图，如图 3-20 所示。

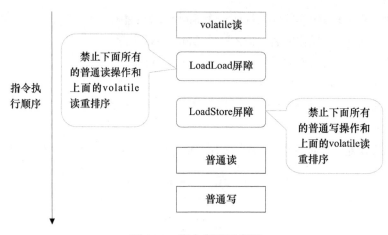

图 3-20　指令序列示意图

图 3-20 中的 LoadLoad 屏障用来禁止处理器把上面的 volatile 读与下面的普通读重排序。LoadStore 屏障用来禁止处理器把上面的 volatile 读与下面的普通写重排序。

上述 volatile 写和 volatile 读的内存屏障插入策略非常保守。在实际执行时，只要不改变 volatile 写 – 读的内存语义，编译器可以根据具体情况省略不必要的屏障。下面通过具体的示例代码进行说明。

```
class VolatileBarrierExample {
    int a;
    volatile int v1 = 1;
    volatile int v2 = 2;

    void readAndWrite() {
        int i = v1;        // 第一个 volatile 读
        int j = v2;        // 第二个 volatile 读
        a = i + j;         // 普通写
        v1 = i + 1;        // 第一个 volatile 写
```

```
        v2 = j * 2;          //第二个 volatile 写
    }

    ...                      //其他方法
}
```

针对 readAndWrite() 方法，编译器在生成字节码时可以做如下的优化。

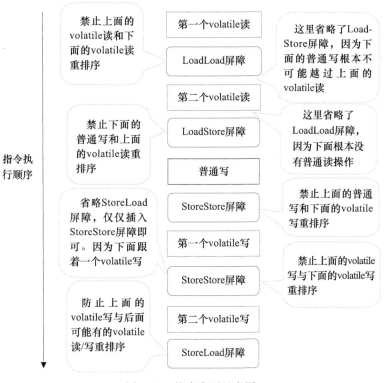

图 3-21　指令序列示意图

注意，最后的 StoreLoad 屏障不能省略。因为第二个 volatile 写之后，方法立即 return。此时编译器可能无法准确断定后面是否会有 volatile 读或写，为了安全起见，编译器通常会在这里插入一个 StoreLoad 屏障。

上面的优化针对任意处理器平台，由于不同的处理器有不同"松紧度"的处理器内存模型，内存屏障的插入还可以根据具体的处理器内存模型继续优化。以 X86 处理器为例，图 3-21 中除最后的 StoreLoad 屏障外，其他的屏障都会被省略。

前面保守策略下的 volatile 读和写，在 X86 处理器平台可以优化成如图 3-22 所示。

前文提到过，X86 处理器仅会对写 – 读操作做重排序。X86 不会对读 – 读、读 – 写和写 – 写操作做重排序，因此在 X86 处理器中会省略掉这 3 种操作类型对应的内存屏障。在 X86 中，JMM 仅需在 volatile 写后面插入一个 StoreLoad 屏障即可正确实现 volatile 写 – 读的内存语义。这意味着在 X86 处理器中，volatile 写的开销比 volatile 读的开销会大很多（因为执行 StoreLoad 屏障开销会比较大）。

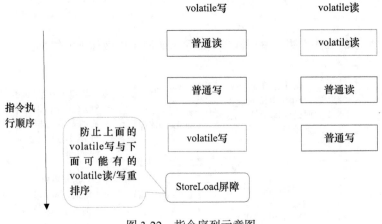

图 3-22　指令序列示意图

3.4.5　JSR-133 为什么要增强 volatile 的内存语义

在 JSR-133 之前的旧 Java 内存模型中，虽然不允许 volatile 变量之间重排序，但旧的 Java 内存模型允许 volatile 变量与普通变量重排序。在旧的内存模型中，VolatileExample 示例程序可能被重排序成下列时序来执行，如图 3-23 所示。

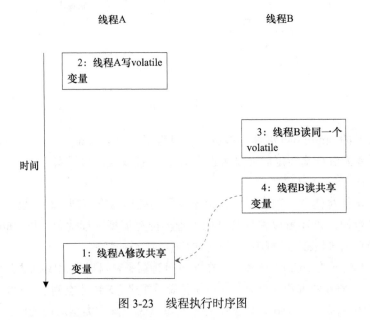

图 3-23　线程执行时序图

在旧的内存模型中，当 1 和 2 之间没有数据依赖关系时，1 和 2 之间就可能被重排序（3

和 4 类似）。其结果就是：读线程 B 执行 4 时，不一定能看到写线程 A 在执行 1 时对共享变量的修改。

因此，在旧的内存模型中，volatile 的写 – 读没有锁的释放 – 获所具有的内存语义。为了提供一种比锁更轻量级的线程之间通信的机制，JSR-133 专家组决定增强 volatile 的内存语义：严格限制编译器和处理器对 volatile 变量与普通变量的重排序，确保 volatile 的写 – 读和锁的释放 – 获取具有相同的内存语义。从编译器重排序规则和处理器内存屏障插入策略来看，只要 volatile 变量与普通变量之间的重排序可能会破坏 volatile 的内存语义，这种重排序就会被编译器重排序规则和处理器内存屏障插入策略禁止。

由于 volatile 仅仅保证对单个 volatile 变量的读 / 写具有原子性，而锁的互斥执行的特性可以确保对整个临界区代码的执行具有原子性。在功能上，锁比 volatile 更强大；在可伸缩性和执行性能上，volatile 更有优势。如果读者想在程序中用 volatile 代替锁，请一定谨慎，具体详情请参阅 Brian Goetz 的文章《Java 理论与实践：正确使用 Volatile 变量》。

3.5　锁的内存语义

众所周知，锁可以让临界区互斥执行。这里将介绍锁的另一个同样重要，但常常被忽视的功能：锁的内存语义。

3.5.1　锁的释放 – 获取建立的 happens-before 关系

锁是 Java 并发编程中最重要的同步机制。锁除了让临界区互斥执行外，还可以让释放锁的线程向获取同一个锁的线程发送消息。

下面是锁释放 – 获取的示例代码。

```
class MonitorExample {
    int a = 0;

    public synchronized void writer() {        // 1
        a++;                                    // 2
    }                                           // 3

    public synchronized void reader() {        // 4
        int i = a;                              // 5
        ......
    }                                           // 6
}
```

假设线程 A 执行 writer() 方法，随后线程 B 执行 reader() 方法。根据 happens-before 规则，这个过程包含的 happens-before 关系可以分为 3 类。

1）根据程序次序规则，1 happens-before 2, 2 happens-before 3; 4 happens-before 5, 5 happens-before 6。

2）根据监视器锁规则，3 happens-before 4。

3）根据 happens-before 的传递性，2 happens-before 5。

上述 happens-before 关系的图形化表现形式如图 3-24 所示。

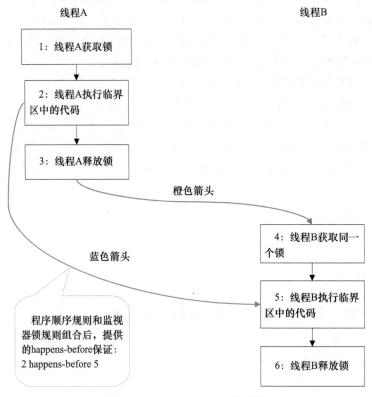

图 3-24　happens-before 关系图

在图 3-24 中，每一个箭头链接的两个节点，代表了一个 happens-before 关系。黑色箭头表示程序顺序规则；橙色箭头表示监视器锁规则；蓝色箭头表示组合这些规则后提供的 happens-before 保证。

图 3-24 表示在线程 A 释放了锁之后，随后线程 B 获取同一个锁。在上图中，2 happens-before 5。因此，线程 A 在释放锁之前所有可见的共享变量，在线程 B 获取同一个锁之后，将立刻变得对 B 线程可见。

3.5.2　锁的释放和获取的内存语义

当线程释放锁时，JMM 会把该线程对应的本地内存中的共享变量刷新到主内存中。以上面的 MonitorExample 程序为例，A 线程释放锁后，共享数据的状态示意图如图 3-25 所示。

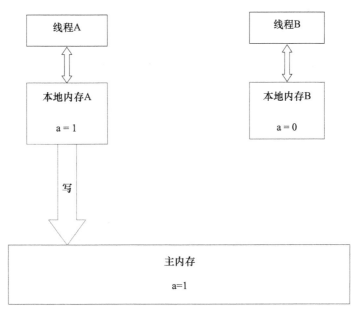

图 3-25　共享数据的状态示意图

当线程获取锁时，JMM 会把该线程对应的本地内存置为无效。从而使得被监视器保护的临界区代码必须从主内存中读取共享变量。图 3-26 是锁获取的状态示意图。

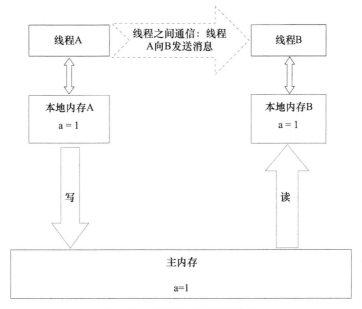

图 3-26　锁获取的状态示意图

对比锁释放 – 获取的内存语义与 volatile 写 – 读的内存语义可以看出：锁释放与 volatile

写有相同的内存语义；锁获取与 volatile 读有相同的内存语义。

下面对锁释放和锁获取的内存语义做个总结。

- 线程 A 释放一个锁，实质上是线程 A 向接下来将要获取这个锁的某个线程发出了（线程 A 对共享变量所做修改的）消息。
- 线程 B 获取一个锁，实质上是线程 B 接收了之前某个线程发出的（在释放这个锁之前对共享变量所做修改的）消息。
- 线程 A 释放锁，随后线程 B 获取这个锁，这个过程实质上是线程 A 通过主内存向线程 B 发送消息。

3.5.3 锁内存语义的实现

本文将借助 ReentrantLock 的源代码，来分析锁内存语义的具体实现机制。

请看下面的示例代码。

```java
class ReentrantLockExample {
    int a = 0;
    ReentrantLock lock = new ReentrantLock();

    public void writer() {
        lock.lock();                // 获取锁
        try {
            a++;
        } finally {
            lock.unlock();          // 释放锁
        }
    }

    public void reader () {
        lock.lock();                // 获取锁
        try {
            int i = a;
            ......
        } finally {
            lock.unlock();          // 释放锁
        }
    }
}
```

在 ReentrantLock 中，调用 lock() 方法获取锁；调用 unlock() 方法释放锁。

ReentrantLock 的实现依赖于 Java 同步器框架 AbstractQueuedSynchronizer（本文简称之为 AQS）。AQS 使用一个整型的 volatile 变量（命名为 state）来维护同步状态，马上我们会看到，这个 volatile 变量是 ReentrantLock 内存语义实现的关键。

图 3-27 是 ReentrantLock 的类图（仅画出与本文相关的部分）。

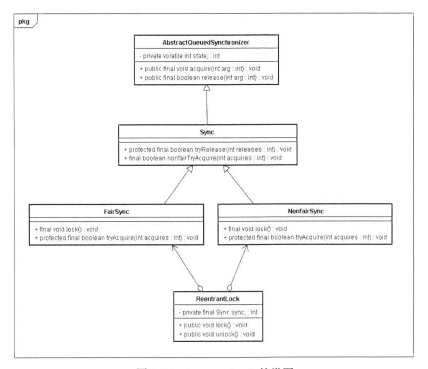

图 3-27　ReentrantLock 的类图

ReentrantLock 分为公平锁和非公平锁，我们首先分析公平锁。

使用公平锁时，加锁方法 lock() 调用轨迹如下。

1）ReentrantLock : lock()。

2）FairSync : lock()。

3）AbstractQueuedSynchronizer : acquire(int arg)。

4）ReentrantLock : tryAcquire(int acquires)。

在第 4 步真正开始加锁，下面是该方法的源代码。

```
protected final boolean tryAcquire(int acquires) {
    final Thread current = Thread.currentThread();
    int c = getState();          // 获取锁的开始，首先读 volatile 变量 state
    if (c == 0) {
        if (isFirst(current) &&
            compareAndSetState(0, acquires)) {
                setExclusiveOwnerThread(current);
                return true;
            }
    }
    else if (current == getExclusiveOwnerThread()) {
        int nextc = c + acquires;
        if (nextc < 0)
```

```
            throw new Error("Maximum lock count exceeded");
        setState(nextc);
        return true;
    }
    return false;
}
```

从上面源代码中我们可以看出，加锁方法首先读 volatile 变量 state。

在使用公平锁时，解锁方法 unlock() 调用轨迹如下。

1）ReentrantLock : unlock()。

2）AbstractQueuedSynchronizer : release(int arg)。

3）Sync : tryRelease(int releases)。

在第 3 步真正开始释放锁，下面是该方法的源代码。

```
protected final boolean tryRelease(int releases) {
    int c = getState() - releases;
    if (Thread.currentThread() != getExclusiveOwnerThread())
        throw new IllegalMonitorStateException();
    boolean free = false;
    if (c == 0) {
        free = true;
        setExclusiveOwnerThread(null);
    }
    setState(c);                    // 释放锁的最后，写 volatile 变量 state
    return free;
}
```

从上面的源代码可以看出，在释放锁的最后写 volatile 变量 state。

公平锁在释放锁的最后写 volatile 变量 state，在获取锁时首先读这个 volatile 变量。根据 volatile 的 happens-before 规则，释放锁的线程在写 volatile 变量之前可见的共享变量，在获取锁的线程读取同一个 volatile 变量后将立即变得对获取锁的线程可见。

现在我们来分析非公平锁的内存语义的实现。非公平锁的释放和公平锁完全一样，所以这里仅仅分析非公平锁的获取。使用非公平锁时，加锁方法 lock() 调用轨迹如下。

1）ReentrantLock : lock()。

2）NonfairSync : lock()。

3）AbstractQueuedSynchronizer : compareAndSetState(int expect, int update)。

在第 3 步真正开始加锁，下面是该方法的源代码。

```
protected final boolean compareAndSetState(int expect, int update) {
    return unsafe.compareAndSwapInt(this, stateOffset, expect, update);
}
```

该方法以原子操作的方式更新 state 变量，本文把 Java 的 compareAndSet() 方法调用简称为 CAS。JDK 文档对该方法的说明如下：如果当前状态值等于预期值，则以原子方式将同步状态设置为给定的更新值。此操作具有 volatile 读和写的内存语义。

这里我们分别从编译器和处理器的角度来分析，CAS 如何同时具有 volatile 读和 volatile 写的内存语义。

前文我们提到过，编译器不会对 volatile 读与 volatile 读后面的任意内存操作重排序；编译器不会对 volatile 写与 volatile 写前面的任意内存操作重排序。组合这两个条件，意味着为了同时实现 volatile 读和 volatile 写的内存语义，编译器不能对 CAS 与 CAS 前面和后面的任意内存操作重排序。

下面我们来分析在常见的 intel X86 处理器中，CAS 是如何同时具有 volatile 读和 volatile 写的内存语义的。

下面是 sun.misc.Unsafe 类的 compareAndSwapInt() 方法的源代码。

```
public final native boolean compareAndSwapInt(Object o, long offset,
                                              int expected,
                                              int x);
```

可以看到，这是一个本地方法调用。这个本地方法在 openjdk 中依次调用的 c++ 代码为：unsafe.cpp，atomic.cpp 和 atomic_windows_x86.inline.hpp。这个本地方法的最终实现在 openjdk 的如下位置：openjdk-7-fcs-src-b147-27_jun_2011\openjdk\hotspot\src\os_cpu\windows_x86\vm\ atomic_windows_x86.inline.hpp（对应于 Windows 操作系统，X86 处理器）。下面是对应于 intel X86 处理器的源代码的片段。

```
inline jint    Atomic::cmpxchg    (jint    exchange_value, volatile jint*    dest,
    jint    compare_value) {
  // alternative for InterlockedCompareExchange
  int mp = os::is_MP();
  __asm {
    mov edx, dest
    mov ecx, exchange_value
    mov eax, compare_value
    LOCK_IF_MP(mp)
    cmpxchg dword ptr [edx], ecx
  }
}
```

如上面源代码所示，程序会根据当前处理器的类型来决定是否为 cmpxchg 指令添加 lock 前缀。如果程序是在多处理器上运行，就为 cmpxchg 指令加上 lock 前缀（Lock Cmpxchg）。反之，如果程序是在单处理器上运行，就省略 lock 前缀（单处理器自身会维护单处理器内的顺序一致性，不需要 lock 前缀提供的内存屏障效果）。

intel 的手册对 lock 前缀的说明如下。

1）确保对内存的读 – 改 – 写操作原子执行。在 Pentium 及 Pentium 之前的处理器中，带有 lock 前缀的指令在执行期间会锁住总线，使得其他处理器暂时无法通过总线访问内存。很显然，这会带来昂贵的开销。从 Pentium 4、Intel Xeon 及 P6 处理器开始，Intel 使用缓存锁定（Cache Locking）来保证指令执行的原子性。缓存锁定将大大降低 lock 前缀指令的执行开销。

2）禁止该指令，与之前和之后的读和写指令重排序。

3）把写缓冲区中的所有数据刷新到内存中。

上面的第 2 点和第 3 点所具有的内存屏障效果，足以同时实现 volatile 读和 volatile 写的内存语义。

经过上面的分析，现在我们终于能明白为什么 JDK 文档说 CAS 同时具有 volatile 读和 volatile 写的内存语义了。

现在对公平锁和非公平锁的内存语义做个总结。

❑ 公平锁和非公平锁释放时，最后都要写一个 volatile 变量 state。

❑ 公平锁获取时，首先会去读 volatile 变量。

❑ 非公平锁获取时，首先会用 CAS 更新 volatile 变量，这个操作同时具有 volatile 读和 volatile 写的内存语义。

从本文对 ReentrantLock 的分析可以看出，锁释放 – 获取的内存语义的实现至少有下面两种方式。

1）利用 volatile 变量的写 – 读所具有的内存语义。

2）利用 CAS 所附带的 volatile 读和 volatile 写的内存语义。

3.5.4　concurrent 包的实现

由于 Java 的 CAS 同时具有 volatile 读和 volatile 写的内存语义，因此 Java 线程之间的通信现在有了下面 4 种方式。

1）A 线程写 volatile 变量，随后 B 线程读这个 volatile 变量。

2）A 线程写 volatile 变量，随后 B 线程用 CAS 更新这个 volatile 变量。

3）A 线程用 CAS 更新一个 volatile 变量，随后 B 线程用 CAS 更新这个 volatile 变量。

4）A 线程用 CAS 更新一个 volatile 变量，随后 B 线程读这个 volatile 变量。

Java 的 CAS 会使用现代处理器上提供的高效机器级别的原子指令，这些原子指令以原子方式对内存执行读 – 改 – 写操作，这是在多处理器中实现同步的关键（从本质上来说，能够支持原子性读 – 改 – 写指令的计算机，是顺序计算图灵机的异步等价机器，因此任何现代的多处理器都会去支持某种能对内存执行原子性读 – 改 – 写操作的原子指令）。同时，volatile 变量的读 / 写和 CAS 可以实现线程之间的通信。把这些特性整合在一起，就形成了整个 concurrent 包得以实现的基石。如果我们仔细分析 concurrent 包的源代码实现，会发现一个通用化的实现模式。

首先，声明共享变量为 volatile。

然后，使用 CAS 的原子条件更新来实现线程之间的同步。

同时，配合以 volatile 的读 / 写和 CAS 所具有的 volatile 读和写的内存语义来实现线程之间的通信。

AQS，非阻塞数据结构和原子变量类（java.util.concurrent.atomic 包中的类），这些 concurrent 包中的基础类都是使用这种模式来实现的，而 concurrent 包中的高层类又是依赖于这些基础类来实现的。从整体来看，concurrent 包的实现示意图如 3-28 所示。

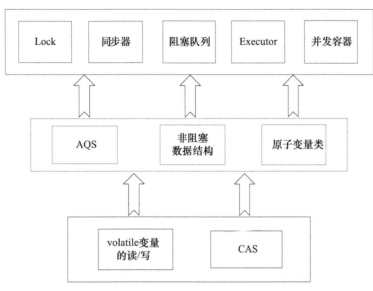

图 3-28　concurrent 包的实现示意图

3.6　final 域的内存语义

与前面介绍的锁和 volatile 相比，对 final 域的读和写更像是普通的变量访问。下面将介绍 final 域的内存语义。

3.6.1　final 域的重排序规则

对于 final 域，编译器和处理器要遵守两个重排序规则。

1）在构造函数内对一个 final 域的写入，与随后把这个被构造对象的引用赋值给一个引用变量，这两个操作之间不能重排序。

2）初次读一个包含 final 域的对象的引用，与随后初次读这个 final 域，这两个操作之间不能重排序。

下面通过一些示例性的代码来分别说明这两个规则。

```
public class FinalExample {
    int i;                          // 普通变量
    final int j;                    // final 变量
```

```
        static FinalExample obj;

        public FinalExample () {             //构造函数
            i = 1;                           //写普通域
            j = 2;                           //写 final 域
        }

        public static void writer () {       //写线程 A 执行
            obj = new FinalExample ();
        }

        public static void reader () {       //读线程 B 执行
            FinalExample object = obj;       //读对象引用
            int a = object.i;                //读普通域
            int b = object.j;                //读 final 域
        }
    }
```

这里假设一个线程 A 执行 writer() 方法，随后另一个线程 B 执行 reader() 方法。下面我们通过这两个线程的交互来说明这两个规则。

3.6.2　写 final 域的重排序规则

写 final 域的重排序规则禁止把 final 域的写重排序到构造函数之外。这个规则的实现包含下面 2 个方面。

1）JMM 禁止编译器把 final 域的写重排序到构造函数之外。

2）编译器会在 final 域的写之后，构造函数 return 之前，插入一个 StoreStore 屏障。这个屏障禁止处理器把 final 域的写重排序到构造函数之外。

现在让我们分析 writer() 方法。writer() 方法只包含一行代码：finalExample = new FinalExample()。这行代码包含两个步骤，如下。

1）构造一个 FinalExample 类型的对象。

2）把这个对象的引用赋值给引用变量 obj。

假设线程 B 读对象引用与读对象的成员域之间没有重排序（马上会说明为什么需要这个假设），图 3-29 是一种可能的执行时序。

在图 3-29 中，写普通域的操作被编译器重排序到了构造函数之外，读线程 B 错误地读取了普通变量 i 初始化之前的值。而写 final 域的操作，被写 final 域的重排序规则"限定"在了构造函数之内，读线程 B 正确地读取了 final 变量初始化之后的值。

写 final 域的重排序规则可以确保：在对象引用为任意线程可见之前，对象的 final 域已经被正确初始化过了，而普通域不具有这个保障。以上图为例，在读线程 B "看到"对象引用 obj 时，很可能 obj 对象还没有构造完成（对普通域 i 的写操作被重排序到构造函数外，此时初始值 1 还没有写入普通域 i）。

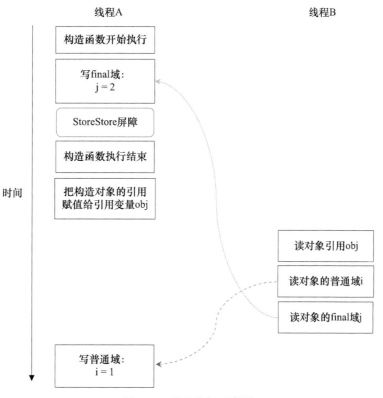

图 3-29　线程执行时序图

3.6.3　读 final 域的重排序规则

读 final 域的重排序规则是，在一个线程中，初次读对象引用与初次读该对象包含的 final 域，JMM 禁止处理器重排序这两个操作（注意，这个规则仅仅针对处理器）。编译器会在读 final 域操作的前面插入一个 LoadLoad 屏障。

初次读对象引用与初次读该对象包含的 final 域，这两个操作之间存在间接依赖关系。由于编译器遵守间接依赖关系，因此编译器不会重排序这两个操作。大多数处理器也会遵守间接依赖，也不会重排序这两个操作。但有少数处理器允许对存在间接依赖关系的操作做重排序（比如 alpha 处理器），这个规则就是专门用来针对这种处理器的。

reader() 方法包含 3 个操作。

❑ 初次读引用变量 obj。

❑ 初次读引用变量 obj 指向对象的普通域 j。

❑ 初次读引用变量 obj 指向对象的 final 域 i。

现在假设写线程 A 没有发生任何重排序，同时程序在不遵守间接依赖的处理器上执行，图 3-30 所示是一种可能的执行时序。

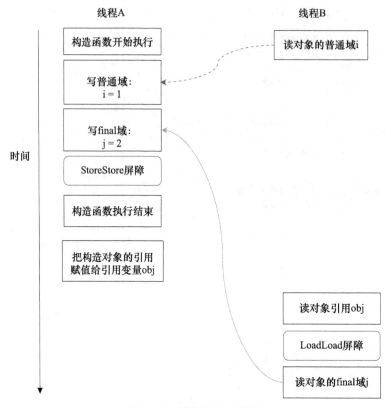

图 3-30 线程执行时序图

在图 3-30 中，读对象的普通域的操作被处理器重排序到读对象引用之前。读普通域时，该域还没有被写线程 A 写入，这是一个错误的读取操作。而读 final 域的重排序规则会把读对象 final 域的操作"限定"在读对象引用之后，此时该 final 域已经被 A 线程初始化过了，这是一个正确的读取操作。

读 final 域的重排序规则可以确保：在读一个对象的 final 域之前，一定会先读包含这个 final 域的对象的引用。在这个示例程序中，如果该引用不为 null，那么引用对象的 final 域一定已经被 A 线程初始化过了。

3.6.4 final 域为引用类型

上面我们看到的 final 域是基础数据类型，如果 final 域是引用类型，将会有什么效果？请看下列示例代码。

```
public class FinalReferenceExample {
    final int[] intArray;                    // final 是引用类型
    static FinalReferenceExample obj;
```

```
public FinalReferenceExample () {        // 构造函数
    intArray = new int[1];               // 1
    intArray[0] = 1;                     // 2
}

public static void writerOne () {        // 写线程 A 执行
    obj = new FinalReferenceExample ();  // 3
}

public static void writerTwo () {        // 写线程 B 执行
    obj.intArray[0] = 2;                 // 4
}

public static void reader () {           // 读线程 C 执行
    if (obj != null) {                   // 5
        int temp1 = obj.intArray[0];     // 6
    }
}
}
```

本例 final 域为一个引用类型，它引用一个 int 型的数组对象。对于引用类型，写 final 域的重排序规则对编译器和处理器增加了如下约束：在构造函数内对一个 final 引用的对象的成员域的写入，与随后在构造函数外把这个被构造对象的引用赋值给一个引用变量，这两个操作之间不能重排序。

对上面的示例程序，假设首先线程 A 执行 writerOne() 方法，执行完后线程 B 执行 writerTwo() 方法，执行完后线程 C 执行 reader() 方法。图 3-31 是一种可能的线程执行时序。

在图 3-31 中，1 是对 final 域的写入，2 是对这个 final 域引用的对象的成员域的写入，3 是把被构造的对象的引用赋值给某个引用变量。这里除了前面提到的 1 不能和 3 重排序外，2 和 3 也不能重排序。

JMM 可以确保读线程 C 至少能看到写线程 A 在构造函数中对 final 引用对象的成员域的写入。即 C 至少能看到数组下标 0 的值为 1。而写线程 B 对数组元素的写入，读线程 C 可能看得到，也可能看不到。JMM 不保证线程 B 的写入对读线程 C 可见，因为写线程 B 和读线程 C 之间存在数据竞争，此时的执行结果不可预知。

如果想要确保读线程 C 看到写线程 B 对数组元素的写入，写线程 B 和读线程 C 之间需要使用同步原语（lock 或 volatile）来确保内存可见性。

3.6.5　为什么 final 引用不能从构造函数内"溢出"

前面我们提到过，写 final 域的重排序规则可以确保：在引用变量为任意线程可见之前，该引用变量指向的对象的 final 域已经在构造函数中被正确初始化过了。其实，要得到这个效果，还需要一个保证：在构造函数内部，不能让这个被构造对象的引用为其他线程所见，也就是对象引用不能在构造函数中"逸出"。为了说明问题，让我们来看下面的示例代码。

```
public class FinalReferenceEscapeExample {
    final int i;
    static FinalReferenceEscapeExample obj;

    public FinalReferenceEscapeExample () {
        i = 1;                              //1 写 final 域
        obj = this;                         //2 this 引用在此 " 逸出 "
    }

    public static void writer() {
        new FinalReferenceEscapeExample ();
    }

    public static void reader() {
        if (obj != null) {                  //3
            int temp = obj.i;               //4
        }
    }
}
```

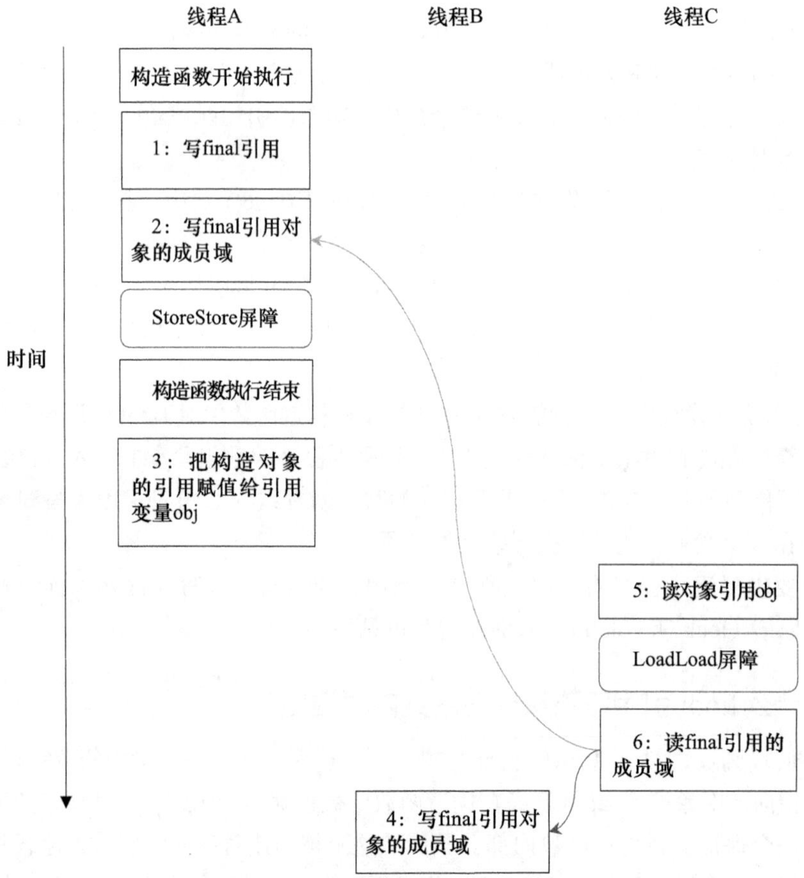

图 3-31 引用型 final 的执行时序图

假设一个线程 A 执行 writer() 方法，另一个线程 B 执行 reader() 方法。这里的操作 2 使得对象还未完成构造前就为线程 B 可见。即使这里的操作 2 是构造函数的最后一步，且在程序中操作 2 排在操作 1 后面，执行 read() 方法的线程仍然可能无法看到 final 域被初始化后的值，因为这里的操作 1 和操作 2 之间可能被重排序。实际的执行时序可能如图 3-32 所示。

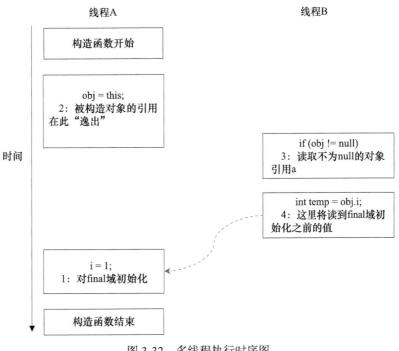

图 3-32　多线程执行时序图

从图 3-32 可以看出：在构造函数返回前，被构造对象的引用不能为其他线程所见，因为此时的 final 域可能还没有被初始化。在构造函数返回后，任意线程都将保证能看到 final 域正确初始化之后的值。

3.6.6　final 语义在处理器中的实现

现在我们以 X86 处理器为例，说明 final 语义在处理器中的具体实现。

上面我们提到，写 final 域的重排序规则会要求编译器在 final 域的写之后，构造函数 return 之前插入一个 StoreStore 障屏。读 final 域的重排序规则要求编译器在读 final 域的操作前面插入一个 LoadLoad 屏障。

由于 X86 处理器不会对写 – 写操作做重排序，所以在 X86 处理器中，写 final 域需要的 StoreStore 障屏会被省略掉。同样，由于 X86 处理器不会对存在间接依赖关系的操作做重排序，所以在 X86 处理器中，读 final 域需要的 LoadLoad 屏障也会被省略掉。也就是说，在 X86 处理器中，final 域的读 / 写不会插入任何内存屏障！

3.6.7　JSR-133 为什么要增强 final 的语义

在旧的 Java 内存模型中，一个最严重的缺陷就是线程可能看到 final 域的值会改变。比如，一个线程当前看到一个整型 final 域的值为 0（还未初始化之前的默认值），过一段时间之后这个线程再去读这个 final 域的值时，却发现值变为 1（被某个线程初始化之后的值）。最常见的例子就是在旧的 Java 内存模型中，String 的值可能会改变。

为了修补这个漏洞，JSR-133 专家组增强了 final 的语义。通过为 final 域增加写和读重排序规则，可以为 Java 程序员提供初始化安全保证：只要对象是正确构造的（被构造对象的引用在构造函数中没有"逸出"），那么不需要使用同步（指 lock 和 volatile 的使用）就可以保证任意线程都能看到这个 final 域在构造函数中被初始化之后的值。

3.7　happens-before

happens-before 是 JMM 最核心的概念。对应 Java 程序员来说，理解 happens-before 是理解 JMM 的关键。

3.7.1　JMM 的设计

首先，让我们来看 JMM 的设计意图。从 JMM 设计者的角度，在设计 JMM 时，需要考虑两个关键因素。

- ❑ 程序员对内存模型的使用。程序员希望内存模型易于理解、易于编程。程序员希望基于一个强内存模型来编写代码。
- ❑ 编译器和处理器对内存模型的实现。编译器和处理器希望内存模型对它们的束缚越少越好，这样它们就可以做尽可能多的优化来提高性能。编译器和处理器希望实现一个弱内存模型。

由于这两个因素互相矛盾，所以 JSR-133 专家组在设计 JMM 时的核心目标就是找到一个好的平衡点：一方面，要为程序员提供足够强的内存可见性保证；另一方面，对编译器和处理器的限制要尽可能地放松。下面让我们来看 JSR-133 是如何实现这一目标的。

```
double pi  = 3.14;        // A
double r   = 1.0;         // B
double area = pi * r * r;// C
```

上面计算圆的面积的示例代码存在 3 个 happens- before 关系，如下。

- ❑ A happens-before B。
- ❑ B happens-before C。
- ❑ A happens-before C。

在 3 个 happens-before 关系中，2 和 3 是必需的，但 1 是不必要的。因此，JMM 把 happens-before 要求禁止的重排序分为了下面两类。

❑ 会改变程序执行结果的重排序。

❑ 不会改变程序执行结果的重排序。

JMM 对这两种不同性质的重排序，采取了不同的策略，如下。

❑ 对于会改变程序执行结果的重排序，JMM 要求编译器和处理器必须禁止这种重排序。

❑ 对于不会改变程序执行结果的重排序，JMM 对编译器和处理器不做要求（JMM 允许
　这种重排序）。

图 3-33 是 JMM 的设计示意图。

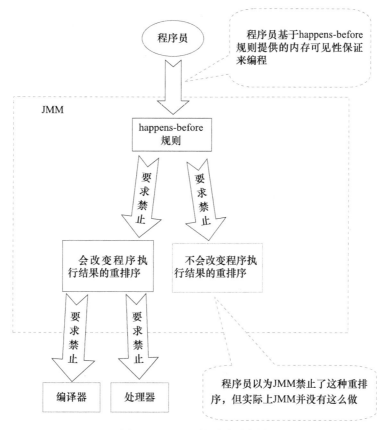

图 3-33　JMM 的设计示意图

从图 3-33 可以看出两点，如下。

❑ JMM 向程序员提供的 happens-before 规则能满足程序员的需求。JMM 的 happens-before 规则不但简单易懂，而且也向程序员提供了足够强的内存可见性保证（有些内存可见性保证其实并不一定真实存在，比如上面的 A happens-before B）。

❑ JMM 对编译器和处理器的束缚已经尽可能少。从上面的分析可以看出，JMM 其实是在遵循一个基本原则：只要不改变程序的执行结果（指的是单线程程序和正确同步的多线程程序），编译器和处理器怎么优化都行。例如，如果编译器经过细致的分析后，认定一个锁只会被单个线程访问，那么这个锁可以被消除。再如，如果编译器经过细致的分析后，认定一个 volatile 变量只会被单个线程访问，那么编译器可以把这个 volatile 变量当作一个普通变量来对待。这些优化既不会改变程序的执行结果，又能提高程序的执行效率。

3.7.2 happens-before 的定义

happens-before 的概念最初由 Leslie Lamport 在其一篇影响深远的论文（《 Time, Clocks and the Ordering of Events in a Distributed System 》）中提出。Leslie Lamport 使用 happens-before 来定义分布式系统中事件之间的偏序关系（ partial ordering）。Leslie Lamport 在这篇论文中给出了一个分布式算法，该算法可以将该偏序关系扩展为某种全序关系。

JSR-133 使用 happens-before 的概念来指定两个操作之间的执行顺序。由于这两个操作可以在一个线程之内，也可以是在不同线程之间。因此，JMM 可以通过 happens-before 关系向程序员提供跨线程的内存可见性保证（如果 A 线程的写操作 a 与 B 线程的读操作 b 之间存在 happens-before 关系，尽管 a 操作和 b 操作在不同的线程中执行，但 JMM 向程序员保证 a 操作将对 b 操作可见）。

《JSR-133: Java Memory Model and Thread Specification》对 happens-before 关系的定义如下。

1）如果一个操作 happens-before 另一个操作，那么第一个操作的执行结果将对第二个操作可见，而且第一个操作的执行顺序排在第二个操作之前。

2）两个操作之间存在 happens-before 关系，并不意味着 Java 平台的具体实现必须要按照 happens-before 关系指定的顺序来执行。如果重排序之后的执行结果，与按 happens-before 关系来执行的结果一致，那么这种重排序并不非法（也就是说，JMM 允许这种重排序）。

上面的 1）是 JMM 对程序员的承诺。从程序员的角度来说，可以这样理解 happens-before 关系：如果 A happens-before B，那么 Java 内存模型将向程序员保证——A 操作的结果将对 B 可见，且 A 的执行顺序排在 B 之前。注意，这只是 Java 内存模型向程序员做出的保证！

上面的 2）是 JMM 对编译器和处理器重排序的约束原则。正如前面所言，JMM 其实是在遵循一个基本原则：只要不改变程序的执行结果（指的是单线程程序和正确同步的多线程程序），编译器和处理器怎么优化都行。JMM 这么做的原因是：程序员对于这两个操作是否真的被重排序并不关心，程序员关心的是程序执行时的语义不能被改变（即执行结果不能被改变）。因此，happens-before 关系本质上和 as-if-serial 语义是一回事。

❑ as-if-serial 语义保证单线程内程序的执行结果不被改变，happens-before 关系保证正确同步的多线程程序的执行结果不被改变。

❑ as-if-serial 语义给编写单线程程序的程序员创造了一个幻境：单线程程序是按程序的顺序来执行的。happens-before 关系给编写正确同步的多线程程序的程序员创造了一个幻境：正确同步的多线程程序是按 happens-before 指定的顺序来执行的。

as-if-serial 语义和 happens-before 这么做的目的，都是为了在不改变程序执行结果的前提下，尽可能地提高程序执行的并行度。

3.7.3　happens-before 规则

《JSR-133: Java Memory Model and Thread Specification》定义了如下 happens-before 规则。

1）程序顺序规则：一个线程中的每个操作，happens-before 于该线程中的任意后续操作。

2）监视器锁规则：对一个锁的解锁，happens-before 于随后对这个锁的加锁。

3）volatile 变量规则：对一个 volatile 域的写，happens-before 于任意后续对这个 volatile 域的读。

4）传递性：如果 A happens-before B，且 B happens-before C，那么 A happens-before C。

5）start() 规则：如果线程 A 执行操作 ThreadB.start()（启动线程 B），那么 A 线程的 ThreadB.start() 操作 happens-before 于线程 B 中的任意操作。

6）join() 规则：如果线程 A 执行操作 ThreadB.join() 并成功返回，那么线程 B 中的任意操作 happens-before 于线程 A 从 ThreadB.join() 操作成功返回。

这里的规则 1）、2）、3）和 4）前面都讲到过，这里再做个总结。由于 2）和 3）情况类似，这里只以 1）、3）和 4）为例来说明。图 3-34 是 volatile 写 – 读建立的 happens-before 关系图。

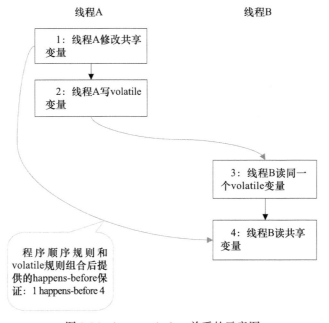

图 3-34　happens-before 关系的示意图

结合图 3-34，我们做以下分析。

❑ 1 happens-before 2 和 3 happens-before 4 由程序顺序规则产生。由于编译器和处理器都要遵守 as-if-serial 语义，也就是说，as-if-serial 语义保证了程序顺序规则。因此，可以把程序顺序规则看成是对 as-if-serial 语义的"封装"。

❑ 2 happens-before 3 是由 volatile 规则产生。前面提到过，对一个 volatile 变量的读，总是能看到（任意线程）之前对这个 volatile 变量最后的写入。因此，volatile 的这个特性可以保证实现 volatile 规则。

❑ 1 happens-before 4 是由传递性规则产生的。这里的传递性是由 volatile 的内存屏障插入策略和 volatile 的编译器重排序规则共同来保证的。

下面我们来看 start() 规则。假设线程 A 在执行的过程中，通过执行 ThreadB.start() 来启动线程 B；同时，假设线程 A 在执行 ThreadB.start() 之前修改了一些共享变量，线程 B 在开始执行后会读这些共享变量。图 3-35 是该程序对应的 happens-before 关系图。

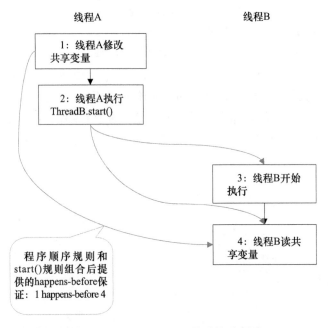

图 3-35　happens-before 关系的示意图

在图 3-35 中，1 happens-before 2 由程序顺序规则产生。2 happens-before 4 由 start() 规则产生。根据传递性，将有 1 happens-before 4。这实意味着，线程 A 在执行 ThreadB.start() 之前对共享变量所做的修改，接下来在线程 B 开始执行后都将确保对线程 B 可见。

下面我们来看 join() 规则。假设线程 A 在执行的过程中，通过执行 ThreadB. join() 来等待线程 B 终止；同时，假设线程 B 在终止之前修改了一些共享变量，线程 A 从 ThreadB. join() 返回后会读这些共享变量。图 3-36 是该程序对应的 happens-before 关系图。

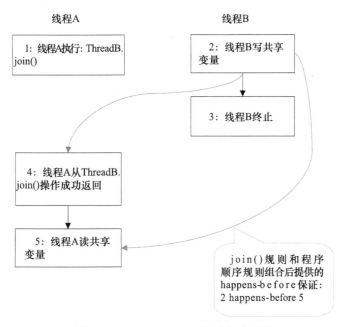

图 3-36　happens-before 关系的示意图

在图 3-36 中，2 happens-before 4 由 join() 规则产生；4 happens-before 5 由程序顺序规则产生。根据传递性规则，将有 2 happens-before 5。这意味着，线程 A 执行操作 ThreadB.join() 并成功返回后，线程 B 中的任意操作都将对线程 A 可见。

3.8　双重检查锁定与延迟初始化

在 Java 多线程程序中，有时候需要采用延迟初始化来降低初始化类和创建对象的开销。双重检查锁定是常见的延迟初始化技术，但它是一个错误的用法。本文将分析双重检查锁定的错误根源，以及两种线程安全的延迟初始化方案。

3.8.1　双重检查锁定的由来

在 Java 程序中，有时候可能需要推迟一些高开销的对象初始化操作，并且只有在使用这些对象时才进行初始化。此时，程序员可能会采用延迟初始化。但要正确实现线程安全的延迟初始化需要一些技巧，否则很容易出现问题。比如，下面是非线程安全的延迟初始化对象的示例代码。

```
public class UnsafeLazyInitialization {
    private static Instance instance;

    public static Instance getInstance() {
```

```
        if (instance == null)                           // 1: A 线程执行
            instance = new Instance();                   // 2: B 线程执行
        return instance;
    }
}
```

在 UnsafeLazyInitialization 类中，假设 A 线程执行代码 1 的同时，B 线程执行代码 2。此时，线程 A 可能会看到 instance 引用的对象还没有完成初始化（出现这种情况的原因见 3.8.2 节）。

对于 UnsafeLazyInitialization 类，我们可以对 getInstance() 方法做同步处理来实现线程安全的延迟初始化。示例代码如下。

```
public class SafeLazyInitialization {
    private static Instance instance;

    public synchronized static Instance getInstance() {
        if (instance == null)
            instance = new Instance();
        return instance;
    }
}
```

由于对 getInstance() 方法做了同步处理，synchronized 将导致性能开销。如果 getInstance() 方法被多个线程频繁的调用，将会导致程序执行性能的下降。反之，如果 getInstance() 方法不会被多个线程频繁的调用，那么这个延迟初始化方案将能提供令人满意的性能。

在早期的 JVM 中，synchronized（甚至是无竞争的 synchronized）存在巨大的性能开销。因此，人们想出了一个"聪明"的技巧：双重检查锁定（Double-Checked Locking）。人们想通过双重检查锁定来降低同步的开销。下面是使用双重检查锁定来实现延迟初始化的示例代码。

```
public class DoubleCheckedLocking {                          // 1
    private static Instance instance;                        // 2

    public static Instance getInstance() {                   // 3
        if (instance == null) {                              // 4: 第一次检查
            synchronized (DoubleCheckedLocking.class) {      // 5: 加锁
                if (instance == null)                        // 6: 第二次检查
                    instance = new Instance();               // 7: 问题的根源出在这里
            }                                                // 8
        }                                                    // 9
        return instance;                                     // 10
    }                                                        // 11
}
```

如上面代码所示，如果第一次检查 instance 不为 null，那么就不需要执行下面的加锁和初始化操作。因此，可以大幅降低 synchronized 带来的性能开销。上面代码表面上看起来，似乎两全其美。

- 多个线程试图在同一时间创建对象时，会通过加锁来保证只有一个线程能创建对象。
- 在对象创建好之后，执行 getInstance() 方法将不需要获取锁，直接返回已创建好的对象。

双重检查锁定看起来似乎很完美，但这是一个错误的优化！在线程执行到第 4 行，代码读取到 instance 不为 null 时，instance 引用的对象有可能还没有完成初始化。

3.8.2　问题的根源

前面的双重检查锁定示例代码的第 7 行（instance = new Singleton();）创建了一个对象。这一行代码可以分解为如下的 3 行伪代码。

```
memory = allocate();        // 1：分配对象的内存空间
ctorInstance(memory);       // 2：初始化对象
instance = memory;          // 3：设置 instance 指向刚分配的内存地址
```

上面 3 行伪代码中的 2 和 3 之间，可能会被重排序（在一些 JIT 编译器上，这种重排序是真实发生的，详情见参考文献 1 的 "Out-of-order writes" 部分）。2 和 3 之间重排序之后的执行时序如下。

```
memory = allocate();        // 1：分配对象的内存空间
instance = memory;          // 3：设置 instance 指向刚分配的内存地址
                            // 注意，此时对象还没有被初始化！
ctorInstance(memory);       // 2：初始化对象
```

根据《The Java Language Specification, Java SE 7 Edition》（后文简称为 Java 语言规范），所有线程在执行 Java 程序时必须要遵守 intra-thread semantics。intra-thread semantics 保证重排序不会改变单线程内的程序执行结果。换句话说，intra-thread semantics 允许那些在单线程内，不会改变单线程程序执行结果的重排序。上面 3 行伪代码的 2 和 3 之间虽然被重排序了，但这个重排序并不会违反 intra-thread semantics。这个重排序在没有改变单线程程序执行结果的前提下，可以提高程序的执行性能。

为了更好地理解 intra-thread semantics，请看如图 3-37 所示的示意图（假设一个线程 A 在构造对象后，立即访问这个对象）。

如图 3-37 所示，只要保证 2 排在 4 的前面，即使 2 和 3 之间重排序了，也不会违反 intra-thread semantics。

下面，再让我们查看多线程并发执行的情况。如图 3-38 所示。

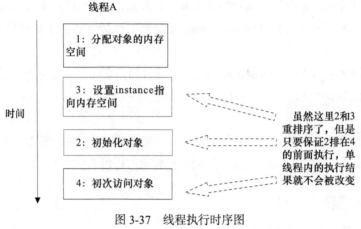

图 3-37 线程执行时序图

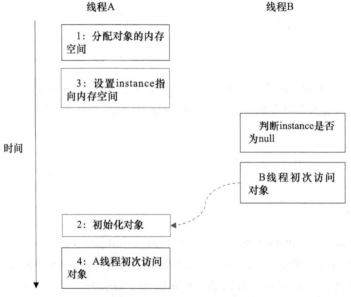

图 3-38 多线程执行时序图

由于单线程内要遵守 intra-thread semantics，从而能保证 A 线程的执行结果不会被改变。但是，当线程 A 和 B 按图 3-38 的时序执行时，B 线程将看到一个还没有被初始化的对象。

回到本文的主题，DoubleCheckedLocking 示例代码的第 7 行（instance = new Singleton();）如果发生重排序，另一个并发执行的线程 B 就有可能在第 4 行判断 instance 不为 null。线程 B 接下来将访问 instance 所引用的对象，但此时这个对象可能还没有被 A 线程初始化！表 3-6 是这个场景的具体执行时序。

表 3-6 多线程执行时序表

时间	线程 A	线程 B
t1	A1：分配对象的内存空间	
t2	A3：设置 instance 指向内存空间	
t3		B1：判断 instance 是否为空
t4		B2：由于 instance 不为 null，线程 B 将访问 instance 引用的对象
t5	A2：初始化对象	
t6	A4：访问 instance 引用的对象	

这里 A2 和 A3 虽然重排序了，但 Java 内存模型的 intra-thread semantics 将确保 A2 一定会排在 A4 前面执行。因此，线程 A 的 intra-thread semantics 没有改变，但 A2 和 A3 的重排序，将导致线程 B 在 B1 处判断出 instance 不为空，线程 B 接下来将访问 instance 引用的对象。此时，线程 B 将会访问到一个还未初始化的对象。

在知晓了问题发生的根源之后，我们可以想出两个办法来实现线程安全的延迟初始化。

1）不允许 2 和 3 重排序。

2）允许 2 和 3 重排序，但不允许其他线程"看到"这个重排序。

后文介绍的两个解决方案，分别对应于上面这两点。

3.8.3 基于 volatile 的解决方案

对于前面的基于双重检查锁定来实现延迟初始化的方案（指 DoubleCheckedLocking 示例代码），只需要做一点小的修改（把 instance 声明为 volatile 型），就可以实现线程安全的延迟初始化。请看下面的示例代码。

```
public class SafeDoubleCheckedLocking {
    private volatile static Instance instance;

    public static Instance getInstance() {
        if (instance == null) {
            synchronized (SafeDoubleCheckedLocking.class) {
                if (instance == null)
                    instance = new Instance();// instance 为 volatile，现在没问题了
            }
        }
        return instance;
    }
}
```

注意 这个解决方案需要 JDK 5 或更高版本（因为从 JDK 5 开始使用新的 JSR-133 内存模型规范，这个规范增强了 volatile 的语义）。

当声明对象的引用为 volatile 后，3.8.2 节中的 3 行伪代码中的 2 和 3 之间的重排序，在多线程环境中将会被禁止。上面示例代码将按如下的时序执行，如图 3-39 所示。

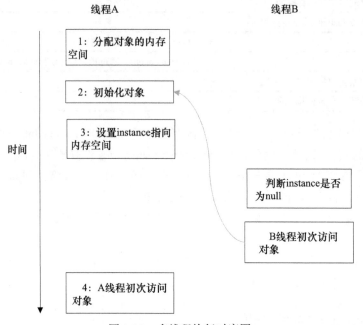

图 3-39　多线程执行时序图

这个方案本质上是通过禁止图 3-39 中的 2 和 3 之间的重排序，来保证线程安全的延迟初始化。

3.8.4　基于类初始化的解决方案

JVM 在类的初始化阶段（即在 Class 被加载后，且被线程使用之前），会执行类的初始化。在执行类的初始化期间，JVM 会去获取一个锁。这个锁可以同步多个线程对同一个类的初始化。

基于这个特性，可以实现另一种线程安全的延迟初始化方案（这个方案被称之为 Initialization On Demand Holder idiom）。

```java
public class InstanceFactory {
    private static class InstanceHolder {
        public static Instance instance = new Instance();
    }

    public static Instance getInstance() {
        return InstanceHolder.instance ;        // 这里将导致 InstanceHolder 类被初始化
    }
}
```

假设两个线程并发执行 getInstance() 方法，下面是执行的示意图，如图 3-40 所示。

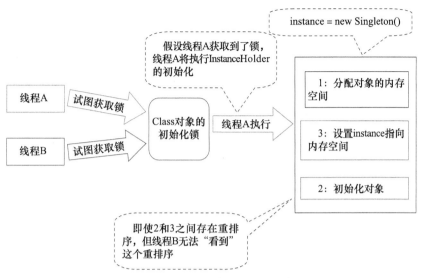

图 3-40　两个线程并发执行的示意图

这个方案的实质是：允许 3.8.2 节中的 3 行伪代码中的 2 和 3 重排序，但不允许非构造线程（这里指线程 B）"看到"这个重排序。

初始化一个类，包括执行这个类的静态初始化和初始化在这个类中声明的静态字段。根据 Java 语言规范，在首次发生下列任意一种情况时，一个类或接口类型 T 将被立即初始化。

1）T 是一个类，而且一个 T 类型的实例被创建。

2）T 是一个类，且 T 中声明的一个静态方法被调用。

3）T 中声明的一个静态字段被赋值。

4）T 中声明的一个静态字段被使用，而且这个字段不是一个常量字段。

5）T 是一个顶级类（Top Level Class，见 Java 语言规范的 §7.6），而且一个断言语句嵌套在 T 内部被执行。

在 InstanceFactory 示例代码中，首次执行 getInstance() 方法的线程将导致 InstanceHolder 类被初始化（符合情况 4）。

由于 Java 语言是多线程的，多个线程可能在同一时间尝试去初始化同一个类或接口（比如这里多个线程可能在同一时刻调用 getInstance() 方法来初始化 InstanceHolder 类）。因此，在 Java 中初始化一个类或者接口时，需要做细致的同步处理。

Java 语言规范规定，对于每一个类或接口 C，都有一个唯一的初始化锁 LC 与之对应。从 C 到 LC 的映射，由 JVM 的具体实现去自由实现。JVM 在类初始化期间会获取这个初始化锁，并且每个线程至少获取一次锁来确保这个类已经被初始化过了（事实上，Java 语言规范允许 JVM 的具体实现在这里做一些优化，见后文的说明）。

对于类或接口的初始化，Java 语言规范制定了精巧而复杂的类初始化处理过程。Java 初始化一个类或接口的处理过程如下（这里对类初始化处理过程的说明，省略了与本文无关的部分；同时为了更好的说明类初始化过程中的同步处理机制，笔者人为的把类初始化的处理过程分为了 5 个阶段）。

第 1 阶段：通过在 Class 对象上同步（即获取 Class 对象的初始化锁），来控制类或接口的初始化。这个获取锁的线程会一直等待，直到当前线程能够获取到这个初始化锁。

假设 Class 对象当前还没有被初始化（初始化状态 state，此时被标记为 state = noInitialization），且有两个线程 A 和 B 试图同时初始化这个 Class 对象。图 3-41 是对应的示意图。

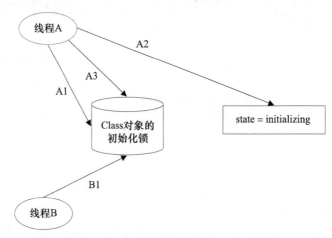

图 3-41　类初始化——第 1 阶段

表 3-7 是这个示意图的说明。

表 3-7　类初始化——第 1 阶段的执行时序表

时间	线程 A	线程 B
t1	A1: 尝试获取 Class 对象的初始化锁。这里假设线程 A 获取到了初始化锁	B1: 尝试获取 Class 对象的初始化锁，由于线程 A 获取到了锁，线程 B 将一直等待获取初始化锁
t2	A2：线程 A 看到线程还未被初始化（因为读取到 state == noInitialization），线程设置 state = initializing	
t3	A3：线程 A 释放初始化锁	

第 2 阶段：线程 A 执行类的初始化，同时线程 B 在初始化锁对应的 condition 上等待。

表 3-8 是这个示意图的说明。

表 3-8　类初始化——第 2 阶段的执行时序表

时间	线程 A	线程 B
t1	A1: 执行类的静态初始化和初始化类中声明的静态字段	B1：获取到初始化锁
t2		B2：读取到 state = initializing
t3		B3：释放初始化锁
t4		B4：在初始化锁的 condition 中等待

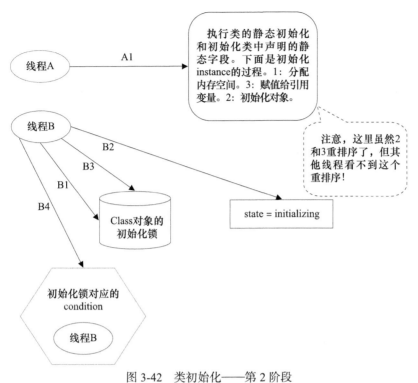

图 3-42　类初始化——第 2 阶段

第 3 阶段：线程 A 设置 state = initialized，然后唤醒在 condition 中等待的所有线程。

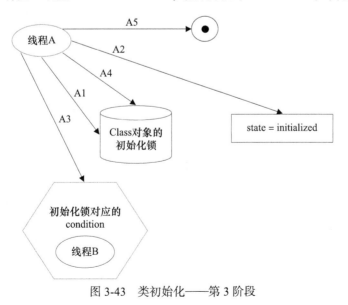

图 3-43　类初始化——第 3 阶段

表 3-9 是这个示意图的说明。

表 3-9 类初始化——第 3 阶段的执行时序表

时间	线程 A
t1	A1：获取初始化锁
t2	A2：设置 state = initialized
t3	A3：唤醒在 condition 中等待的所有线程
t4	A4：释放初始化锁
t5	A5：线程 A 的初始化处理过程完成

第 4 阶段：线程 B 结束类的初始化处理。

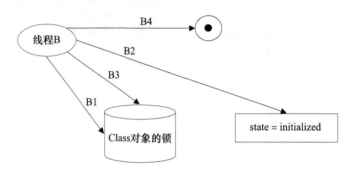

图 3-44 类初始化——第 4 阶段

表 3-10 是这个示意图的说明。

表 3-10 类初始化——第 4 阶段的执行时序表

时间	线程 B	时间	线程 B
t1	B1：获取初始化锁	t3	B3：释放初始化锁
t2	B2：读取到 state = initialized	t4	B4：线程 B 的类初始化处理过程完成

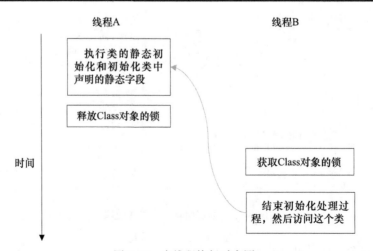

图 3-45 多线程执行时序图

线程 A 在第 2 阶段的 A1 执行类的初始化，并在第 3 阶段的 A4 释放初始化锁；线程 B 在第 4 阶段的 B1 获取同一个初始化锁，并在第 4 阶段的 B4 之后才开始访问这个类。根据 Java 内存模型规范的锁规则，这里将存在如下的 happens-before 关系。

这个 happens-before 关系将保证：线程 A 执行类的初始化时的写入操作（执行类的静态初始化和初始化类中声明的静态字段），线程 B 一定能看到。

第 5 阶段：线程 C 执行类的初始化的处理。

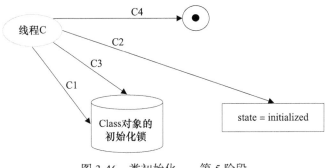

图 3-46　类初始化——第 5 阶段

表 3-11 是这个示意图的说明。

表 3-11　类初始化——第 5 阶段的执行时序表

时间	线程 B
t1	C1：获取初始化锁
t2	C2：读取到 state = initialized
t3	C3：释放初始化锁
t4	C4：线程 C 的类初始化处理过程完成

在第 3 阶段之后，类已经完成了初始化。因此线程 C 在第 5 阶段的类初始化处理过程相对简单一些（前面的线程 A 和 B 的类初始化处理过程都经历了两次锁获取 – 锁释放，而线程 C 的类初始化处理只需要经历一次锁获取 – 锁释放）。

线程 A 在第 2 阶段的 A1 执行类的初始化，并在第 3 阶段的 A4 释放锁；线程 C 在第 5 阶段的 C1 获取同一个锁，并在在第 5 阶段的 C4 之后才开始访问这个类。根据 Java 内存模型规范的锁规则，将存在如下的 happens-before 关系。

这个 happens-before 关系将保证：线程 A 执行类的初始化时的写入操作，线程 C 一定能看到。

注意　这里的 condition 和 state 标记是本文虚构出来的。Java 语言规范并没有硬性规定一定要使用 condition 和 state 标记。JVM 的具体实现只要实现类似功能即可。

🔔 **注** Java 语言规范允许 Java 的具体实现，优化类的初始化处理过程（对这里的第 5 阶段
意 做优化），具体细节参见 Java 语言规范的 12.4.2 节。

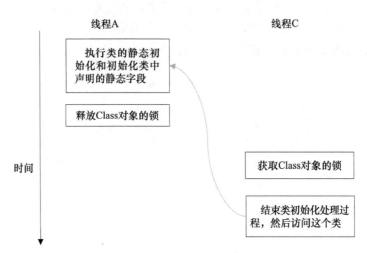

图 3-47　多线程执行时序图

通过对比基于 volatile 的双重检查锁定的方案和基于类初始化的方案，我们会发现基于
类初始化的方案的实现代码更简洁。但基于 volatile 的双重检查锁定的方案有一个额外的优
势：除了可以对静态字段实现延迟初始化外，还可以对实例字段实现延迟初始化。

字段延迟初始化降低了初始化类或创建实例的开销，但增加了访问被延迟初始化的字段
的开销。在大多数时候，正常的初始化要优于延迟初始化。如果确实需要对实例字段使用线
程安全的延迟初始化，请使用上面介绍的基于 volatile 的延迟初始化的方案；如果确实需要
对静态字段使用线程安全的延迟初始化，请使用上面介绍的基于类初始化的方案。

3.9　Java 内存模型综述

前面对 Java 内存模型的基础知识和内存模型的具体实现进行了说明。下面对 Java 内存
模型的相关知识做一个总结。

3.9.1　处理器的内存模型

顺序一致性内存模型是一个理论参考模型，JMM 和处理器内存模型在设计时通常会以
顺序一致性内存模型为参照。在设计时，JMM 和处理器内存模型会对顺序一致性模型做一些
放松，因为如果完全按照顺序一致性模型来实现处理器和 JMM，那么很多的处理器和编译器
优化都要被禁止，这对执行性能将会有很大的影响。

根据对不同类型的读 / 写操作组合的执行顺序的放松,可以把常见处理器的内存模型划分为如下几种类型。

□ 放松程序中写 – 读操作的顺序,由此产生了 Total Store Ordering 内存模型(简称为 TSO)。

□ 在上面的基础上,继续放松程序中写 – 写操作的顺序,由此产生了 Partial Store Order 内存模型(简称为 PSO)。

□ 在前面两条的基础上,继续放松程序中读 – 写和读 – 读操作的顺序,由此产生了 Relaxed Memory Order 内存模型(简称为 RMO)和 PowerPC 内存模型。

注意,这里处理器对读 / 写操作的放松,是以两个操作之间不存在数据依赖性为前提的(因为处理器要遵守 as-if-serial 语义,处理器不会对存在数据依赖性的两个内存操作做重排序)。

表 3-12 展示了常见处理器内存模型的细节特征如下。

表 3-12 处理器内存模型的特征表

内存模型名称	对应的处理器	Store-Load 重排序	Store-Store 重排序	Load-Load 和 Load-Store 重排序	可以更早读取到其他处理器的写	可以更早读取到当前处理器的写
TSO	sparc-TSO X64	Y				Y
PSO	sparc-PSO	Y	Y			Y
RMO	ia64	Y	Y	Y		Y
PowerPC	PowerPC	Y	Y	Y	Y	Y

从表 3-12 中可以看到,所有处理器内存模型都允许写 – 读重排序,原因在第 1 章已经说明过:它们都使用了写缓存区。写缓存区可能导致写 – 读操作重排序。同时,我们可以看到这些处理器内存模型都允许更早读到当前处理器的写,原因同样是因为写缓存区。由于写缓存区仅对当前处理器可见,这个特性导致当前处理器可以比其他处理器先看到临时保存在自己写缓存区中的写。

表 3-12 中的各种处理器内存模型,从上到下,模型由强变弱。越是追求性能的处理器,内存模型设计得会越弱。因为这些处理器希望内存模型对它们的束缚越少越好,这样它们就可以做尽可能多的优化来提高性能。

由于常见的处理器内存模型比 JMM 要弱,Java 编译器在生成字节码时,会在执行指令序列的适当位置插入内存屏障来限制处理器的重排序。同时,由于各种处理器内存模型的强弱不同,为了在不同的处理器平台向程序员展示一个一致的内存模型,JMM 在不同的处理器中需要插入的内存屏障的数量和种类也不相同。图 3-48 展示了 JMM 在不同处理器内存模型中需要插入的内存屏障的示意图。

JMM 屏蔽了不同处理器内存模型的差异,它在不同的处理器平台之上为 Java 程序员呈现了一个一致的内存模型。

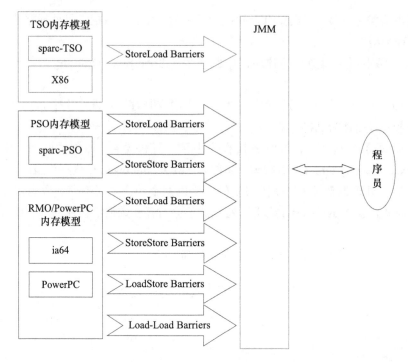

图 3-48　JMM 插入内存屏障的示意图

3.9.2　各种内存模型之间的关系

　　JMM 是一个语言级的内存模型，处理器内存模型是硬件级的内存模型，顺序一致性内存模型是一个理论参考模型。下面是语言内存模型、处理器内存模型和顺序一致性内存模型的强弱对比示意图，如图 3-49 所示。

　　从图中可以看出：常见的 4 种处理器内存模型比常用的 3 中语言内存模型要弱，处理器内存模型和语言内存模型都比顺序一致性内存模型要弱。同处理器内存模型一样，越是追求执行性能的语言，内存模型设计得会越弱。

3.9.3　JMM 的内存可见性保证

　　按程序类型，Java 程序的内存可见性保证可以分为下列 3 类。

　　❑ 单线程程序。单线程程序不会出现内存可见性问题。编译器、runtime 和处理器会共同确保单线程程序的执行结果与该程序在顺序一致性模型中的执行结果相同。

　　❑ 正确同步的多线程程序。正确同步的多线程程序的执行将具有顺序一致性（程序的执行结果与该程序在顺序一致性内存模型中的执行结果相同）。这是 JMM 关注的重点，JMM 通过限制编译器和处理器的重排序来为程序员提供内存可见性保证。

❏ 未同步 / 未正确同步的多线程程序。JMM 为它们提供了最小安全性保障：线程执行时
读取到的值，要么是之前某个线程写入的值，要么是默认值（0、null、false）。

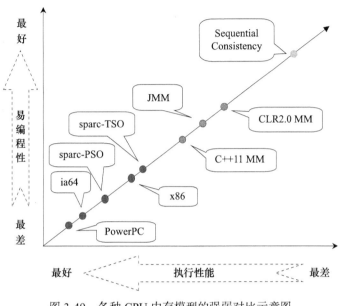

图 3-49　各种 CPU 内存模型的强弱对比示意图

注意，最小安全性保障与 64 位数据的非原子性写并不矛盾。它们是两个不同的概念，
它们"发生"的时间点也不同。最小安全性保证对象默认初始化之后（设置成员域为 0、null
或 false），才会被任意线程使用。最小安全性"发生"在对象被任意线程使用之前。64 位数
据的非原子性写"发生"在对象被多个线程使用的过程中（写共享变量）。当发生问题时（处
理器 B 看到仅仅被处理器 A"写了一半"的无效值），这里虽然处理器 B 读取到一个被写了
一半的无效值，但这个值仍然是处理器 A 写入的，只不过是处理器 A 还没有写完而已。最
小安全性保证线程读取到的值，要么是之前某个线程写入的值，要么是默认值（0、null、
false）。但最小安全性并不保证线程读取到的值，一定是某个线程写完后的值。最小安全性保
证线程读取到的值不会无中生有的冒出来，但并不保证线程读取到的值一定是正确的。

图 3-50 展示了这 3 类程序在 JMM 中与在顺序一致性内存模型中的执行结果的异同。

只要多线程程序是正确同步的，JMM 保证该程序在任意的处理器平台上的执行结果，
与该程序在顺序一致性内存模型中的执行结果一致。

3.9.4　JSR-133 对旧内存模型的修补

JSR-133 对 JDK 5 之前的旧内存模型的修补主要有两个。

❏ 增强 volatile 的内存语义。旧内存模型允许 volatile 变量与普通变量重排序。JSR-133
严格限制 volatile 变量与普通变量的重排序，使 volatile 的写 – 读和锁的释放 – 获取具

有相同的内存语义。

❑ 增强 final 的内存语义。在旧内存模型中，多次读取同一个 final 变量的值可能会不相同。为此，JSR-133 为 final 增加了两个重排序规则。在保证 final 引用不会从构造函数内逸出的情况下，final 具有了初始化安全性。

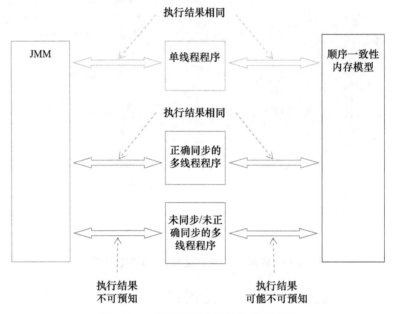

图 3-50　3 类程序的执行结果的对比图

3.10　本章小结

本章对 Java 内存模型做了比较全面的解读。希望读者阅读本章之后，对 Java 内存模型能够有一个比较深入的了解；同时，也希望本章可帮助读者解决在 Java 并发编程中经常遇到的各种内存可见性问题。

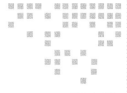

Java 并发编程基础

Java 从诞生开始就明智地选择了内置对多线程的支持，这使得 Java 语言相比同一时期的其他语言具有明显的优势。线程作为操作系统调度的最小单元，多个线程能够同时执行，这将显著提升程序性能，在多核环境中表现得更加明显。但是，过多地创建线程和对线程的不当管理也容易造成问题。本章将着重介绍 Java 并发编程的基础知识，从启动一个线程到线程间不同的通信方式，最后通过简单的线程池示例以及应用（简单的 Web 服务器）来串联本章所介绍的内容。

4.1　线程简介

4.1.1　什么是线程

现代操作系统在运行一个程序时，会为其创建一个进程。例如，启动一个 Java 程序，操作系统就会创建一个 Java 进程。现代操作系统调度的最小单元是线程，也叫轻量级进程（Light Weight Process），在一个进程里可以创建多个线程，这些线程都拥有各自的计数器、堆栈和局部变量等属性，并且能够访问共享的内存变量。处理器在这些线程上高速切换，让使用者感觉到这些线程在同时执行。

一个 Java 程序从 main() 方法开始执行，然后按照既定的代码逻辑执行，看似没有其他线程参与，但实际上 Java 程序天生就是多线程程序，因为执行 main() 方法的是一个名称为 main 的线程。下面使用 JMX 来查看一个普通的 Java 程序包含哪些线程，如代码清单 4-1 所示。

代码清单 4-1　MultiThread.java

```java
public class MultiThread{
    public static void main(String[] args) {
        // 获取 Java 线程管理 MXBean
        ThreadMXBean threadMXBean = ManagementFactory.getThreadMXBean();
        // 不需要获取同步的 monitor 和 synchronizer 信息,仅获取线程和线程堆栈信息
        ThreadInfo[] threadInfos = threadMXBean.dumpAllThreads(false, false);
        // 遍历线程信息,仅打印线程 ID 和线程名称信息
        for (ThreadInfo threadInfo : threadInfos) {
            System.out.println("[" + threadInfo.getThreadId() + "] " + threadInfo.
            getThreadName());
        }
    }
}
```

输出如下所示(输出内容可能不同)。

```
[4] Signal Dispatcher       // 分发处理发送给 JVM 信号的线程
[3] Finalizer               // 调用对象 finalize 方法的线程
[2] Reference Handler       // 清除 Reference 的线程
[1] main                    // main 线程,用户程序入口
```

可以看到,一个 Java 程序的运行不仅仅是 main() 方法的运行,而是 main 线程和多个其他线程的同时运行。

4.1.2　为什么要使用多线程

执行一个简单的"Hello, World!",却启动了那么多的"无关"线程,是不是把简单的问题复杂化了?当然不是,因为正确使用多线程,总是能够给开发人员带来显著的好处,而使用多线程的原因主要有以下几点。

(1)更多的处理器核心

随着处理器上的核心数量越来越多,以及超线程技术的广泛运用,现在大多数计算机都比以往更加擅长并行计算,而处理器性能的提升方式,也从更高的主频向更多的核心发展。如何利用好处理器上的多个核心也成了现在的主要问题。

线程是大多数操作系统调度的基本单元,一个程序作为一个进程来运行,程序运行过程中能够创建多个线程,而一个线程在一个时刻只能运行在一个处理器核心上。试想一下,一个单线程程序在运行时只能使用一个处理器核心,那么再多的处理器核心加入也无法显著提升该程序的执行效率。相反,如果该程序使用多线程技术,将计算逻辑分配到多个处理器核心上,就会显著减少程序的处理时间,并且随着更多处理器核心的加入而变得更有效率。

(2)更快的响应时间

有时我们会编写一些较为复杂的代码(这里的复杂不是说复杂的算法,而是复杂的业务逻辑),例如,一笔订单的创建,它包括插入订单数据、生成订单快照、发送邮件通知卖家和

记录货品销售数量等。用户从单击"订购"按钮开始，就要等待这些操作全部完成才能看到订购成功的结果。但是这么多业务操作，如何能够让其更快地完成呢？

在上面的场景中，可以使用多线程技术，即将数据一致性不强的操作派发给其他线程处理（也可以使用消息队列），如生成订单快照、发送邮件等。这样做的好处是响应用户请求的线程能够尽可能快地处理完成，缩短了响应时间，提升了用户体验。

（3）更好的编程模型

Java 为多线程编程提供了良好、考究并且一致的编程模型，使开发人员能够更加专注于问题的解决，即为所遇到的问题建立合适的模型，而不是绞尽脑汁地考虑如何将其多线程化。一旦开发人员建立好了模型，稍做修改总是能够方便地映射到 Java 提供的多线程编程模型上。

4.1.3　线程优先级

现代操作系统基本采用时分的形式调度运行的线程，操作系统会分出一个个时间片，线程会分配到若干时间片，当线程的时间片用完了就会发生线程调度，并等待着下次分配。线程分配到的时间片多少也就决定了线程使用处理器资源的多少，而线程优先级就是决定线程需要多或者少分配一些处理器资源的线程属性。

在 Java 线程中，通过一个整型成员变量 priority 来控制优先级，优先级的范围从 1 ~ 10，在线程构建的时候可以通过 setPriority(int) 方法来修改优先级，默认优先级是 5，优先级高的线程分配时间片的数量要多于优先级低的线程。设置线程优先级时，针对频繁阻塞（休眠或者 I/O 操作）的线程需要设置较高优先级，而偏重计算（需要较多 CPU 时间或者偏运算）的线程则设置较低的优先级，确保处理器不会被独占。在不同的 JVM 以及操作系统上，线程规划会存在差异，有些操作系统甚至会忽略对线程优先级的设定，示例如代码清单 4-2 所示。

代码清单 4-2　Priority. java

```
public class Priority {
    private static volatile boolean notStart = true;
    private static volatile boolean notEnd = true;

    public static void main(String[] args) throws Exception {
        List<Job> jobs = new ArrayList<Job>();
        for (int i = 0; i < 10; i++) {
            int priority = i < 5 ? Thread.MIN_PRIORITY : Thread.MAX_PRIORITY;
            Job job = new Job(priority);
            jobs.add(job);
            Thread thread = new Thread(job, "Thread:" + i);
            thread.setPriority(priority);
            thread.start();
        }
        notStart = false;
        TimeUnit.SECONDS.sleep(10);
```

```
                notEnd = false;

                for (Job job : jobs) {
                        System.out.println("Job Priority : " + job.priority + ",
                        Count : " + job.jobCount);
                }
        }
static class Job implements Runnable {
        private int        priority;
        private long       jobCount;
        public Job(int priority) {
                this.priority = priority;
        }
        public void run() {
                while (notStart) {
                        Thread.yield();
                }
                while (notEnd) {
                        Thread.yield();
                        jobCount++;
                }
        }
    }
}
```

运行该示例，在笔者机器上对应的输出如下。

```
Job Priority : 1, Count : 1259592
Job Priority : 1, Count : 1260717
Job Priority : 1, Count : 1264510
Job Priority : 1, Count : 1251897
Job Priority : 1, Count : 1264060
Job Priority : 10, Count : 1256938
Job Priority : 10, Count : 1267663
Job Priority : 10, Count : 1260637
Job Priority : 10, Count : 1261705
Job Priority : 10, Count : 1259967
```

从输出可以看到线程优先级没有生效，优先级 1 和优先级 10 的 Job 计数的结果非常相近，没有明显差距。这表示程序正确性不能依赖线程的优先级高低。

> 注意 线程优先级不能作为程序正确性的依赖，因为操作系统可以完全不用理会 Java 线程对于优先级的设定。笔者的环境为：Mac OS X 10.10，Java 版本为 1.7.0_71，经过笔者验证该环境下所有 Java 线程优先级均为 5（通过 jstack 查看），对线程优先级的设置会被忽略。另外，尝试在 Ubuntu 14.04 环境下运行该示例，输出结果也表示该环境忽略了线程优先级的设置。

4.1.4　线程的状态

Java 线程在运行的生命周期中可能处于表 4-1 所示的 6 种不同的状态，在给定的一个时刻，线程只能处于其中的一个状态。

表 4-1　Java 线程的状态

状态名称	说　　明
NEW	初始状态，线程被构建，但是还没有调用 start() 方法
RUNNABLE	运行状态，Java 线程将操作系统中的就绪和运行两种状态笼统地称作"运行中"
BLOCKED	阻塞状态，表示线程阻塞于锁
WAITING	等待状态，表示线程进入等待状态，进入该状态表示当前线程需要等待其他线程做出一些特定动作（通知或中断）
TIME_WAITING	超时等待状态，该状态不同于 WAITING，它是可以在指定的时间自行返回的
TERMINATED	终止状态，表示当前线程已经执行完毕

下面我们使用 jstack 工具（可以选择打开终端，键入 jstack 或者到 JDK 安装目录的 bin 目录下执行命令），尝试查看示例代码运行时的线程信息，更加深入地理解线程状态，示例如代码清单 4-3 所示。

代码清单 4-3　ThreadState.java

```java
public class ThreadState {
    public static void main(String[] args) {
        new Thread(new TimeWaiting (), "TimeWaitingThread").start();
        new Thread(new Waiting(), "WaitingThread").start();
        // 使用两个 Blocked 线程，一个获取锁成功，另一个被阻塞
        new Thread(new Blocked(), "BlockedThread-1").start();
        new Thread(new Blocked(), "BlockedThread-2").start();
    }

    // 该线程不断地进行睡眠
    static class TimeWaiting implements Runnable {
        @Override
        public void run() {
            while (true) {
                SleepUtils.second(100);
            }
        }
    }

    // 该线程在 Waiting.class 实例上等待
    static class Waiting implements Runnable {
        @Override
        public void run() {
            while (true) {
                synchronized (Waiting.class) {
```

```
                    try {
                        Waiting.class.wait();
                    } catch (InterruptedException e) {
                        e.printStackTrace();
                    }
                }
            }
        }
    }

    // 该线程在 Blocked.class 实例上加锁后，不会释放该锁
    static class Blocked implements Runnable {
        public void run() {
            synchronized (Blocked.class) {
                while (true) {
                    SleepUtils.second(100);
                }
            }
        }
    }
}
```

上述示例中使用的 SleepUtils 如代码清单 4-4 所示。

代码清单 4-4　SleepUtils.java

```
public class SleepUtils {
    public static final void second(long seconds) {
        try {
            TimeUnit.SECONDS.sleep(seconds);
        } catch (InterruptedException e) {
        }
    }
}
```

运行该示例，打开终端或者命令提示符，键入“jps”，输出如下。

```
611
935 Jps
929 ThreadState
270
```

可以看到运行示例对应的进程 ID 是 929，接着再键入“jstack 929”（这里的进程 ID 需要和读者自己键入 jps 得出的 ID 一致），部分输出如下所示。

```
// BlockedThread-2 线程阻塞在获取 Blocked.class 示例的锁上
"BlockedThread-2" prio=5 tid=0x00007feacb05d000 nid=0x5d03 waiting for monitor
entry [0x000000010fd58000]
    java.lang.Thread.State: BLOCKED (on object monitor)
// BlockedThread-1 线程获取到了 Blocked.class 的锁
```

```
"BlockedThread-1" prio=5 tid=0x00007feacb05a000 nid=0x5b03 waiting on condition
[0x000000010fc55000]
     java.lang.Thread.State: TIMED_WAITING (sleeping)
// WaitingThread 线程在 Waiting 实例上等待
"WaitingThread" prio=5 tid=0x00007feacb059800 nid=0x5903 in Object.wait()
[0x000000010fb52000]
     java.lang.Thread.State: WAITING (on object monitor)
// TimeWaitingThread 线程处于超时等待
"TimeWaitingThread" prio=5 tid=0x00007feacb058800 nid=0x5703 waiting on condition
[0x000000010fa4f000]
     java.lang.Thread.State: TIMED_WAITING (sleeping)
```

通过示例，我们了解到 Java 程序运行中线程状态的具体含义。线程在自身的生命周期中，并不是固定地处于某个状态，而是随着代码的执行在不同的状态之间进行切换，Java 线程状态变迁如图 4-1 示。

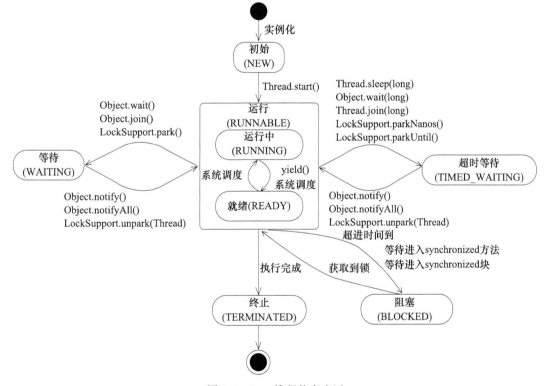

图 4-1　Java 线程状态变迁

由图 4-1 中可以看到，线程创建之后，调用 start() 方法开始运行。当线程执行 wait() 方法之后，线程进入等待状态。进入等待状态的线程需要依靠其他线程的通知才能够返回到运行状态，而超时等待状态相当于在等待状态的基础上增加了超时限制，也就是超时时间到达时将会返回到运行状态。当线程调用同步方法时，在没有获取到锁的情况下，线程将会进入到阻塞状态。线程在执行 Runnable 的 run() 方法之后将会进入到终止状态。

 注意 Java 将操作系统中的运行和就绪两个状态合并称为运行状态。阻塞状态是线程阻塞在进入 synchronized 关键字修饰的方法或代码块（获取锁）时的状态，但是阻塞在 java.concurrent 包中 Lock 接口的线程状态却是等待状态，因为 java.concurrent 包中 Lock 接口对于阻塞的实现均使用了 LockSupport 类中的相关方法。

4.1.5 Daemon 线程

Daemon 线程是一种支持型线程，因为它主要被用作程序中后台调度以及支持性工作。这意味着，当一个 Java 虚拟机中不存在非 Daemon 线程的时候，Java 虚拟机将会退出。可以通过调用 Thread.setDaemon(true) 将线程设置为 Daemon 线程。

 注意 Daemon 属性需要在启动线程之前设置，不能在启动线程之后设置。

Daemon 线程被用作完成支持性工作，但是在 Java 虚拟机退出时 Daemon 线程中的 finally 块并不一定会执行，示例如代码清单 4-5 所示。

代码清单 4-5　Daemon.java

```
public class Daemon {
    public static void main(String[] args) {
        Thread thread = new Thread(new DaemonRunner(), "DaemonRunner");
        thread.setDaemon(true);
        thread.start();
    }

    static class DaemonRunner implements Runnable {
        @Override
        public void run() {
            try {
                SleepUtils.second(10);
            } finally {
                System.out.println("DaemonThread finally run.");
            }
        }
    }
}
```

运行 Daemon 程序，可以看到在终端或者命令提示符上没有任何输出。main 线程（非 Daemon 线程）在启动了线程 DaemonRunner 之后随着 main 方法执行完毕而终止，而此时

Java 虚拟机中已经没有非 Daemon 线程，虚拟机需要退出。Java 虚拟机中的所有 Daemon 线程都需要立即终止，因此 DaemonRunner 立即终止，但是 DaemonRunner 中的 finally 块并没有执行。

> 📷 注意　在构建 Daemon 线程时，不能依靠 finally 块中的内容来确保执行关闭或清理资源的逻辑。

4.2　启动和终止线程

在前面章节的示例中通过调用线程的 start() 方法进行启动，随着 run() 方法的执行完毕，线程也随之终止，大家对此一定不会陌生，下面将详细介绍线程的启动和终止。

4.2.1　构造线程

在运行线程之前首先要构造一个线程对象，线程对象在构造的时候需要提供线程所需要的属性，如线程所属的线程组、线程优先级、是否是 Daemon 线程等信息。代码清单 4-6 所示的代码摘自 java.lang.Thread 中对线程进行初始化的部分。

代码清单 4-6　Thread.java

```java
private void init(ThreadGroup g, Runnable target, String name,long stackSize,
AccessControlContext acc) {
    if (name == null) {
        throw new NullPointerException("name cannot be null");
    }
    // 当前线程就是该线程的父线程
    Thread parent = currentThread();
    this.group = g;
    // 将daemon、priority属性设置为父线程的对应属性
    this.daemon = parent.isDaemon();
    this.priority = parent.getPriority();
    this.name = name.toCharArray();
    this.target = target;
    setPriority(priority);
    // 将父线程的InheritableThreadLocal复制过来
    if (parent.inheritableThreadLocals != null)
    this.inheritableThreadLocals=ThreadLocal.createInheritedMap(parent.
    inheritableThreadLocals);
    // 分配一个线程ID
    tid = nextThreadID();
}
```

在上述过程中，一个新构造的线程对象是由其 parent 线程来进行空间分配的，而 child 线程继承了 parent 是否为 Daemon、优先级和加载资源的 contextClassLoader 以及可继承的 ThreadLocal，同时还会分配一个唯一的 ID 来标识这个 child 线程。至此，一个能够运行的线程对象就初始化好了，在堆内存中等待着运行。

4.2.2　启动线程

线程对象在初始化完成之后，调用 start() 方法就可以启动这个线程。线程 start() 方法的含义是：当前线程（即 parent 线程）同步告知 Java 虚拟机，只要线程规划器空闲，应立即启动调用 start() 方法的线程。

📋**注意**　启动一个线程前，最好为这个线程设置线程名称，因为这样在使用 jstack 分析程序或者进行问题排查时，就会给开发人员提供一些提示，自定义的线程最好能够起个名字。

4.2.3　理解中断

中断可以理解为线程的一个标识位属性，它表示一个运行中的线程是否被其他线程进行了中断操作。中断好比其他线程对该线程打了个招呼，其他线程通过调用该线程的 interrupt() 方法对其进行中断操作。

线程通过检查自身是否被中断来进行响应，线程通过方法 isInterrupted() 来进行判断是否被中断，也可以调用静态方法 Thread.interrupted() 对当前线程的中断标识位进行复位。如果该线程已经处于终结状态，即使该线程被中断过，在调用该线程对象的 isInterrupted() 时依旧会返回 false。

从 Java 的 API 中可以看到，许多声明抛出 InterruptedException 的方法（例如 Thread.sleep(long millis) 方法）这些方法在抛出 InterruptedException 之前，Java 虚拟机会先将该线程的中断标识位清除，然后抛出 InterruptedException，此时调用 isInterrupted() 方法将会返回 false。

在代码清单 4-7 所示的例子中，首先创建了两个线程，SleepThread 和 BusyThread，前者不停地睡眠，后者一直运行，然后对这两个线程分别进行中断操作，观察二者的中断标识位。

代码清单 4-7　Interrupted.java

```java
public class Interrupted {
    public static void main(String[] args) throws Exception {
        // sleepThread 不停的尝试睡眠
        Thread sleepThread = new Thread(new SleepRunner(), "SleepThread");
        sleepThread.setDaemon(true);
        // busyThread 不停的运行
```

```
        Thread busyThread = new Thread(new BusyRunner(), "BusyThread");
        busyThread.setDaemon(true);
        sleepThread.start();
        busyThread.start();
        // 休眠 5 秒，让 sleepThread 和 busyThread 充分运行
        TimeUnit.SECONDS.sleep(5);
        sleepThread.interrupt();
        busyThread.interrupt();
        System.out.println("SleepThread interrupted is " + sleepThread.isInterrupted());
        System.out.println("BusyThread interrupted is " + busyThread.isInterrupted());
        // 防止 sleepThread 和 busyThread 立刻退出
        SleepUtils.second(2);
    }

    static class SleepRunner implements Runnable {
        @Override
        public void run() {
            while (true) {
                SleepUtils.second(10);
            }
        }
    }

    static class BusyRunner implements Runnable {
        @Override
        public void run() {
            while (true) {
            }
        }
    }
}
```

输出如下。

```
SleepThread interrupted is false
BusyThread interrupted is true
```

从结果可以看出，抛出 InterruptedException 的线程 SleepThread，其中断标识位被清除了，而一直忙碌运作的线程 BusyThread，中断标识位没有被清除。

4.2.4　过期的 suspend()、resume() 和 stop()

大家对于 CD 机肯定不会陌生，如果把它播放音乐比作一个线程的运作，那么对音乐播放做出的暂停、恢复和停止操作对应在线程 Thread 的 API 就是 suspend()、resume() 和 stop()。

在代码清单 4-8 所示的例子中，创建了一个线程 PrintThread，它以 1 秒的频率进行打印，而主线程对其进行暂停、恢复和停止操作。

代码清单 4-8 Deprecated.java

```java
public class Deprecated {
    public static void main(String[] args) throws Exception {
        DateFormat format = new SimpleDateFormat("HH:mm:ss");
        Thread printThread = new Thread(new Runner(), "PrintThread");
        printThread.setDaemon(true);
        printThread.start();
        TimeUnit.SECONDS.sleep(3);
        // 将 PrintThread 进行暂停，输出内容工作停止
        printThread.suspend();
        System.out.println("main suspend PrintThread at " + format.format(new Date()));
        TimeUnit.SECONDS.sleep(3);
        // 将 PrintThread 进行恢复，输出内容继续
        printThread.resume();
        System.out.println("main resume PrintThread at " + format.format(new Date()));
        TimeUnit.SECONDS.sleep(3);
        // 将 PrintThread 进行终止，输出内容停止
        printThread.stop();
        System.out.println("main stop PrintThread at " + format.format(new Date()));
        TimeUnit.SECONDS.sleep(3);
    }

    static class Runner implements Runnable {
        @Override
        public void run() {
            DateFormat format = new SimpleDateFormat("HH:mm:ss");
            while (true) {
                System.out.println(Thread.currentThread().getName() + " Run at " +
                    format.format(new Date()));
                SleepUtils.second(1);
            }
        }
    }
}
```

输出如下（输出内容中的时间与示例执行的具体时间相关）。

```
PrintThread Run at 17:34:36
PrintThread Run at 17:34:37
PrintThread Run at 17:34:38
main suspend PrintThread at 17:34:39
main resume PrintThread at 17:34:42
PrintThread Run at 17:34:42
PrintThread Run at 17:34:43
PrintThread Run at 17:34:44
main stop PrintThread at 17:34:45
```

在执行过程中，PrintThread 运行了 3 秒，随后被暂停，3 秒后恢复，最后经过 3 秒被终止。通过示例的输出可以看到，suspend()、resume() 和 stop() 方法完成了线程的暂停、恢复

和终止工作，而且非常"人性化"。但是这些 API 是过期的，也就是不建议使用的。

不建议使用的原因主要有：以 suspend() 方法为例，在调用后，线程不会释放已经占有的资源（比如锁），而是占有着资源进入睡眠状态，这样容易引发死锁问题。同样，stop() 方法在终结一个线程时不会保证线程的资源正常释放，通常是没有给予线程完成资源释放工作的机会，因此会导致程序可能工作在不确定状态下。

🔔注意　正因为 suspend()、resume() 和 stop() 方法带来的副作用，这些方法才被标注为不建议使用的过期方法，而暂停和恢复操作可以用后面提到的等待 / 通知机制来替代。

4.2.5　安全地终止线程

在 4.2.3 节中提到的中断状态是线程的一个标识位，而中断操作是一种简便的线程间交互方式，而这种交互方式最适合用来取消或停止任务。除了中断以外，还可以利用一个 boolean 变量来控制是否需要停止任务并终止该线程。

在代码清单 4-9 所示的例子中，创建了一个线程 CountThread，它不断地进行变量累加，而主线程尝试对其进行中断操作和停止操作。

代码清单 4-9　Shutdown.java

```java
public class Shutdown {
    public static void main(String[] args) throws Exception {
        Runner one = new Runner();
        Thread countThread = new Thread(one, "CountThread");
        countThread.start();
        // 睡眠1秒, main 线程对 CountThread 进行中断, 使 CountThread 能够感知中断而结束
        TimeUnit.SECONDS.sleep(1);
        countThread.interrupt();
        Runner two = new Runner();
        countThread = new Thread(two, "CountThread");
        countThread.start();
        // 睡眠1秒, main 线程对 Runner two 进行取消, 使 CountThread 能够感知 on 为 false 而结束
        TimeUnit.SECONDS.sleep(1);
        two.cancel();
    }

    private static class Runner implements Runnable {
        private long i;
        private volatile boolean on = true;
        @Override
        public void run() {
            while (on && !Thread.currentThread().isInterrupted()){
                i++;
            }
            System.out.println("Count i = " + i);
```

```
        }

        public void cancel() {
            on = false;
        }
    }
}
```

输出结果如下所示（输出内容可能不同）。

```
Count i = 543487324
Count i = 540898082
```

示例在执行过程中，main 线程通过中断操作和 cancel() 方法均可使 CountThread 得以终止。这种通过标识位或者中断操作的方式能够使线程在终止时有机会去清理资源，而不是武断地将线程停止，因此这种终止线程的做法显得更加安全和优雅。

4.3　线程间通信

线程开始运行，拥有自己的栈空间，就如同一个脚本一样，按照既定的代码一步一步地执行，直到终止。但是，每个运行中的线程，如果仅仅是孤立地运行，那么没有一点儿价值，或者说价值很少，如果多个线程能够相互配合完成工作，这将会带来巨大的价值。

4.3.1　volatile 和 synchronized 关键字

Java 支持多个线程同时访问一个对象或者对象的成员变量，由于每个线程可以拥有这个变量的拷贝（虽然对象以及成员变量分配的内存是在共享内存中的，但是每个执行的线程还是可以拥有一份拷贝，这样做的目的是加速程序的执行，这是现代多核处理器的一个显著特性），所以程序在执行过程中，一个线程看到的变量并不一定是最新的。

关键字 volatile 可以用来修饰字段（成员变量），就是告知程序任何对该变量的访问均需要从共享内存中获取，而对它的改变必须同步刷新回共享内存，它能保证所有线程对变量访问的可见性。

举个例子，定义一个表示程序是否运行的成员变量 boolean on=true，那么另一个线程可能对它执行关闭动作（on=false），这里涉及多个线程对变量的访问，因此需要将其定义成为 volatile boolean on = true，这样其他线程对它进行改变时，可以让所有线程感知到变化，因为所有对 on 变量的访问和修改都需要以共享内存为准。但是，过多地使用 volatile 是不必要的，因为它会降低程序执行的效率。

关键字 synchronized 可以修饰方法或者以同步块的形式来进行使用，它主要确保多个线程在同一个时刻，只能有一个线程处于方法或者同步块中，它保证了线程对变量访问的可见性和排他性。

在代码清单 4-10 所示的例子中，使用了同步块和同步方法，通过使用 javap 工具查看生成的 class 文件信息来分析 synchronized 关键字的实现细节，示例如下。

代码清单 4-10　Synchronized.java

```
public class Synchronized {
    public static void main(String[] args) {
        // 对 Synchronized Class 对象进行加锁
        synchronized (Synchronized.class) {
        }
        // 静态同步方法，对 Synchronized Class 对象进行加锁
        m();
    }

    public static synchronized void m() {
    }
}
```

在 Synchronized.class 同级目录执行 javap–v Synchronized.class，部分相关输出如下所示：

```
public static void main(java.lang.String[]);
    // 方法修饰符，表示: public staticflags: ACC_PUBLIC, ACC_STATIC
    Code:
        stack=2, locals=1, args_size=1
        0: ldc          #1 // class com/murdock/books/multithread/book/Synchronized
        2: dup
        3: monitorenter    // monitorenter: 监视器进入，获取锁
        4: monitorexit     // monitorexit: 监视器退出，释放锁
        5: invokestatic    #16 // Method m:()V
        8: return

public static synchronized void m();
    // 方法修饰符，表示: public static synchronized
    flags: ACC_PUBLIC, ACC_STATIC, ACC_SYNCHRONIZED
    Code:
        stack=0, locals=0, args_size=0
        0: return
```

上面 class 信息中，对于同步块的实现使用了 monitorenter 和 monitorexit 指令，而同步方法则是依靠方法修饰符上的 ACC_SYNCHRONIZED 来完成的。无论采用哪种方式，其本质是对一个对象的监视器（monitor）进行获取，而这个获取过程是排他的，也就是同一时刻只能有一个线程获取到由 synchronized 所保护对象的监视器。

任意一个对象都拥有自己的监视器，当这个对象由同步块或者这个对象的同步方法调用时，执行方法的线程必须先获取到该对象的监视器才能进入同步块或者同步方法，而没有获取到监视器（执行该方法）的线程将会被阻塞在同步块和同步方法的入口处，进入 BLOCKED 状态。

图 4-2 描述了对象、对象的监视器、同步队列和执行线程之间的关系。

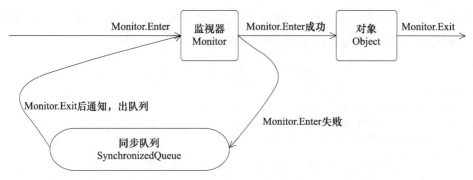

图 4-2 对象、监视器、同步队列和执行线程之间的关系

从图 4-2 中可以看到，任意线程对 Object（Object 由 synchronized 保护）的访问，首先要获得 Object 的监视器。如果获取失败，线程进入同步队列，线程状态变为 BLOCKED。当访问 Object 的前驱（获得了锁的线程）释放了锁，则该释放操作唤醒阻塞在同步队列中的线程，使其重新尝试对监视器的获取。

4.3.2 等待 / 通知机制

一个线程修改了一个对象的值，而另一个线程感知到了变化，然后进行相应的操作，整个过程开始于一个线程，而最终执行又是另一个线程。前者是生产者，后者就是消费者，这种模式隔离了"做什么"（what）和"怎么做"（How），在功能层面上实现了解耦，体系结构上具备了良好的伸缩性，但是在 Java 语言中如何实现类似的功能呢？

简单的办法是让消费者线程不断地循环检查变量是否符合预期，如下面代码所示，在 while 循环中设置不满足的条件，如果条件满足则退出 while 循环，从而完成消费者的工作。

```
while (value != desire) {
    Thread.sleep(1000);
}
doSomething();
```

上面这段伪代码在条件不满足时就睡眠一段时间，这样做的目的是防止过快的"无效"尝试，这种方式看似能够解实现所需的功能，但是却存在如下问题。

1）难以确保及时性。在睡眠时，基本不消耗处理器资源，但是如果睡得过久，就不能及时发现条件已经变化，也就是及时性难以保证。

2）难以降低开销。如果降低睡眠的时间，比如休眠 1 毫秒，这样消费者能更加迅速地发现条件变化，但是却可能消耗更多的处理器资源，造成了无端的浪费。

以上两个问题，看似矛盾难以调和，但是 Java 通过内置的等待 / 通知机制能够很好地解决这个矛盾并实现所需的功能。

等待 / 通知的相关方法是任意 Java 对象都具备的，因为这些方法被定义在所有对象的超类 java.lang.Object 上，方法和描述如表 4-2 所示。

表 4-2　等待 / 通知的相关方法

方法名称	描　　述
notify()	通知一个在对象上等待的线程，使其从 wait() 方法返回，而返回的前提是该线程获取到了对象的锁
notifyAll()	通知所有等待在该对象上的线程
wait()	调用该方法的线程进入 WAITING 状态，只有等待另外线程的通知或被中断才会返回，需要注意，调用 wait() 方法后，会释放对象的锁
wait(long)	超时等待一段时间，这里的参数时间是毫秒，也就是等待长达 n 毫秒，如果没有通知就超时返回
wait(long, int)	对于超时时间更细粒度的控制，可以达到纳秒

等待 / 通知机制，是指一个线程 A 调用了对象 O 的 wait() 方法进入等待状态，而另一个线程 B 调用了对象 O 的 notify() 或者 notifyAll() 方法，线程 A 收到通知后从对象 O 的 wait() 方法返回，进而执行后续操作。上述两个线程通过对象 O 来完成交互，而对象上的 wait() 和 notify/notifyAll() 的关系就如同开关信号一样，用来完成等待方和通知方之间的交互工作。

在代码清单 4-11 所示的例子中，创建了两个线程——WaitThread 和 NotifyThread，前者检查 flag 值是否为 false，如果符合要求，进行后续操作，否则在 lock 上等待，后者在睡眠了一段时间后对 lock 进行通知，示例如下所示。

代码清单 4-11　WaitNotify.java

```java
public class WaitNotify {
    static boolean flag = true;
    static Object lock = new Object();

    public static void main(String[] args) throws Exception {
        Thread waitThread = new Thread(new Wait(), "WaitThread");
        waitThread.start();
        TimeUnit.SECONDS.sleep(1);
        Thread notifyThread = new Thread(new Notify(), "NotifyThread");
        notifyThread.start();
    }

    static class Wait implements Runnable {
        public void run() {
            // 加锁，拥有 lock 的 Monitor
            synchronized (lock) {
                // 当条件不满足时，继续 wait，同时释放了 lock 的锁
                while (flag) {
                    try {
                        System.out.println(Thread.currentThread() + " flag is true. wait
                        @ " + new SimpleDateFormat("HH:mm:ss").format(new Date()));
                        lock.wait();
                    } catch (InterruptedException e) {
                    }
                }
                // 条件满足时，完成工作
                System.out.println(Thread.currentThread() + " flag is false. running
                @ " + new SimpleDateFormat("HH:mm:ss").format(new Date()));
```

```
            }
        }
    }

    static class Notify implements Runnable {
        public void run() {
            // 加锁,拥有 lock 的 Monitor
            synchronized (lock) {
                // 获取 lock 的锁,然后进行通知,通知时不会释放 lock 的锁,
                // 直到当前线程释放了 lock 后, WaitThread 才能从 wait 方法中返回
                System.out.println(Thread.currentThread() + " hold lock. notify @ " +
                new SimpleDateFormat("HH:mm:ss").format(new Date()));
                lock.notifyAll();
                flag = false;
                SleepUtils.second(5);
            }
            // 再次加锁
            synchronized (lock) {
                System.out.println(Thread.currentThread() + " hold lock again. sleep
                @ " + new SimpleDateFormat("HH:mm:ss").format(new Date()));
                SleepUtils.second(5);
            }
        }
    }
}
```

输出如下(输出内容可能不同,主要区别在时间上)。

```
Thread[WaitThread,5,main] flag is true. wait @ 22:23:03
Thread[NotifyThread,5,main] hold lock. notify @ 22:23:04
Thread[NotifyThread,5,main] hold lock again. sleep @ 22:23:09
Thread[WaitThread,5,main] flag is false. running @ 22:23:14
```

上述第 3 行和第 4 行输出的顺序可能会互换,而上述例子主要说明了调用 wait()、notify() 以及 notifyAll() 时需要注意的细节,如下。

1)使用 wait()、notify() 和 notifyAll() 时需要先对调用对象加锁。

2)调用 wait() 方法后,线程状态由 RUNNING 变为 WAITING,并将当前线程放置到对象的等待队列。

3)notify() 或 notifyAll() 方法调用后,等待线程依旧不会从 wait() 返回,需要调用 notify() 或 notifAll() 的线程释放锁之后,等待线程才有机会从 wait() 返回。

4)notify() 方法将等待队列中的一个等待线程从等待队列中移到同步队列中,而 notifyAll() 方法则是将等待队列中所有的线程全部移到同步队列,被移动的线程状态由 WAITING 变为 BLOCKED。

5)从 wait() 方法返回的前提是获得了调用对象的锁。

从上述细节中可以看到,等待 / 通知机制依托于同步机制,其目的就是确保等待线程从

wait() 方法返回时能够感知到通知线程对变量做出的修改。

图 4-3 描述了上述示例的过程。

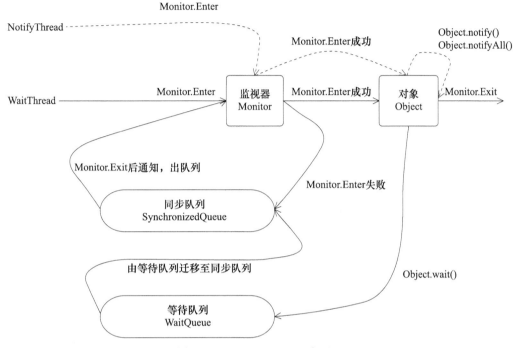

图 4-3 WaitNotify.java 运行过程

在图 4-3 中，WaitThread 首先获取了对象的锁，然后调用对象的 wait() 方法，从而放弃了锁并进入了对象的等待队列 WaitQueue 中，进入等待状态。由于 WaitThread 释放了对象的锁，NotifyThread 随后获取了对象的锁，并调用对象的 notify() 方法，将 WaitThread 从 WaitQueue 移到 SynchronizedQueue 中，此时 WaitThread 的状态变为阻塞状态。NotifyThread 释放了锁之后，WaitThread 再次获取到锁并从 wait() 方法返回继续执行。

4.3.3 等待 / 通知的经典范式

从 4.3.2 节中的 WaitNotify 示例中可以提炼出等待 / 通知的经典范式，该范式分为两部分，分别针对等待方（消费者）和通知方（生产者）。

等待方遵循如下原则。

1）获取对象的锁。

2）如果条件不满足，那么调用对象的 wait() 方法，被通知后仍要检查条件。

3）条件满足则执行对应的逻辑。

对应的伪代码如下。

```
synchronized(对象) {
```

```
    while(条件不满足) {
        对象.wait();
    }
    对应的处理逻辑
}
```

通知方遵循如下原则。

1）获得对象的锁。

2）改变条件。

3）通知所有等待在对象上的线程。

对应的伪代码如下。

```
synchronized(对象) {
    改变条件
    对象.notifyAll();
}
```

4.3.4　管道输入 / 输出流

管道输入 / 输出流和普通的文件输入 / 输出流或者网络输入 / 输出流不同之处在于，它主要用于线程之间的数据传输，而传输的媒介为内存。

管道输入 / 输出流主要包括了如下 4 种具体实现：PipedOutputStream、PipedInputStream、PipedReader 和 PipedWriter，前两种面向字节，而后两种面向字符。

在代码清单 4-12 所示的例子中，创建了 printThread，它用来接受 main 线程的输入，任何 main 线程的输入均通过 PipedWriter 写入，而 printThread 在另一端通过 PipedReader 将内容读出并打印。

代码清单 4-12　Piped.java

```java
public class Piped {
    public static void main(String[] args) throws Exception {
        PipedWriter out = new PipedWriter();
        PipedReader in = new PipedReader();
        // 将输出流和输入流进行连接，否则在使用时会抛出 IOException
        out.connect(in);
        Thread printThread = new Thread(new Print(in), "PrintThread");
        printThread.start();
        int receive = 0;
        try {
            while ((receive = System.in.read()) != -1) {
                out.write(receive);
            }
        } finally {
            out.close();
        }
    }
```

```
static class Print implements Runnable {
    private PipedReader in;
    public Print(PipedReader in) {
        this.in = in;
    }

    public void run() {
        int receive = 0;
        try {
            while ((receive = in.read()) != -1) {
                System.out.print((char) receive);
            }
        } catch (IOException ex) {
        }
    }
}
```

运行该示例，输入一组字符串，可以看到被 printThread 进行了原样输出。

```
Repeat my words.
Repeat my words.
```

对于 Piped 类型的流，必须先要进行绑定，也就是调用 connect() 方法，如果没有将输入 /
输出流绑定起来，对于该流的访问将会抛出异常。

4.3.5　Thread.join() 的使用

如果一个线程 A 执行了 thread.join() 语句，其含义是：当前线程 A 等待 thread 线程终
止之后才从 thread.join() 返回。线程 Thread 除了提供 join() 方法之外，还提供了 join(long
millis) 和 join(long millis, int nanos) 两个具备超时特性的方法。这两个超时方法表示，如果线
程 thread 在给定的超时时间里没有终止，那么将会从该超时方法中返回。

在代码清单 4-13 所示的例子中，创建了 10 个线程，编号 0 ~ 9，每个线程调用前一个
线程的 join() 方法，也就是线程 0 结束了，线程 1 才能从 join() 方法中返回，而线程 0 需要
等待 main 线程结束。

代码清单 4-13　Join.java

```
public class Join {
    public static void main(String[] args) throws Exception {
        Thread previous = Thread.currentThread();
        for (int i = 0; i < 10; i++) {
            // 每个线程拥有前一个线程的引用，需要等待前一个线程终止，才能从等待中返回
            Thread thread = new Thread(new Domino(previous), String.valueOf(i));
            thread.start();
            previous = thread;
        }
```

```java
        TimeUnit.SECONDS.sleep(5);
        System.out.println(Thread.currentThread().getName() + " terminate.");
    }

    static class Domino implements Runnable {
        private Thread thread;
        public Domino(Thread thread) {
            this.thread = thread;
        }

        public void run() {
            try {
                thread.join();
            } catch (InterruptedException e) {
            }
            System.out.println(Thread.currentThread().getName() + " terminate.");
        }
    }
}
```

输出如下。

```
main terminate.
0 terminate.
1 terminate.
2 terminate.
3 terminate.
4 terminate.
5 terminate.
6 terminate.
7 terminate.
8 terminate.
9 terminate.
```

从上述输出可以看到，每个线程终止的前提是前驱线程的终止，每个线程等待前驱线程终止后，才从 join() 方法返回，这里涉及了等待 / 通知机制（等待前驱线程结束，接收前驱线程结束通知）。

代码清单 4-14 是 JDK 中 Thread.join() 方法的源码（进行了部分调整）。

代码清单 4-14　Thread.java

```java
// 加锁当前线程对象
public final synchronized void join() throws InterruptedException {
    // 条件不满足，继续等待
    while (isAlive()) {
        wait(0);
    }
    // 条件符合，方法返回
}
```

当线程终止时，会调用线程自身的 notifyAll() 方法，会通知所有等待在该线程对象上的线程。可以看到 join() 方法的逻辑结构与 4.3.3 节中描述的等待 / 通知经典范式一致，即加锁、循环和处理逻辑 3 个步骤。

4.3.6　ThreadLocal 的使用

ThreadLocal，即线程变量，是一个以 ThreadLocal 对象为键、任意对象为值的存储结构。这个结构被附带在线程上，也就是说一个线程可以根据一个 ThreadLocal 对象查询到绑定在这个线程上的一个值。

可以通过 set(T) 方法来设置一个值，在当前线程下再通过 get() 方法获取到原先设置的值。

在代码清单 4-15 所示的例子中，构建了一个常用的 Profiler 类，它具有 begin() 和 end() 两个方法，而 end() 方法返回从 begin() 方法调用开始到 end() 方法被调用时的时间差，单位是毫秒。

代码清单 4-15　Profiler.java

```java
public class Profiler {
    // 第一次 get() 方法调用时会进行初始化（如果 set 方法没有调用），每个线程会调用一次
    private static final ThreadLocal<Long> TIME_THREADLOCAL = new ThreadLocal<Long>() {
        protected Long initialValue() {
            return System.currentTimeMillis();
        }
    };

    public static final void begin() {
        TIME_THREADLOCAL.set(System.currentTimeMillis());
    }

    public static final long end() {
        return System.currentTimeMillis() - TIME_THREADLOCAL.get();
    }

    public static void main(String[] args) throws Exception {
        Profiler.begin();
        TimeUnit.SECONDS.sleep(1);
        System.out.println("Cost: " + Profiler.end() + " mills");
    }
}
```

输出结果如下所示。

```
Cost: 1001 mills
```

Profiler 可以被复用在方法调用耗时统计的功能上，在方法的入口前执行 begin() 方法，在方法调用后执行 end() 方法，好处是两个方法的调用不用在一个方法或者类中，比如在 AOP（面向方面编程）中，可以在方法调用前的切入点执行 begin() 方法，而在方法调用后的

切入点执行 end() 方法，这样依旧可以获得方法的执行耗时。

4.4 线程应用实例

4.4.1 等待超时模式

开发人员经常会遇到这样的方法调用场景：调用一个方法时等待一段时间（一般来说是给定一个时间段），如果该方法能够在给定的时间段之内得到结果，那么将结果立刻返回，反之，超时返回默认结果。

前面的章节介绍了等待 / 通知的经典范式，即加锁、条件循环和处理逻辑 3 个步骤，而这种范式无法做到超时等待。而超时等待的加入，只需要对经典范式做出非常小的改动，改动内容如下所示。

假设超时时间段是 T，那么可以推断出在当前时间 now+T 之后就会超时。

定义如下变量。

❑ 等待持续时间：REMAINING=T。

❑ 超时时间：FUTURE=now+T。

这 时 仅 需 要 wait(REMAINING) 即 可，在 wait(REMAINING) 返 回 之 后 会 将 执 行：REMAINING=FUTURE–now。如果 REMAINING 小于等于 0，表示已经超时，直接退出，否则将继续执行 wait(REMAINING)。

上述描述等待超时模式的伪代码如下。

```java
// 对当前对象加锁
public synchronized Object get(long mills) throws InterruptedException {
    long future = System.currentTimeMillis() + mills;
    long remaining = mills;
    // 当超时大于 0 并且 result 返回值不满足要求
    while ((result == null) && remaining > 0) {
        wait(remaining);
        remaining = future - System.currentTimeMillis();
    }

    return result;
}
```

可以看出，等待超时模式就是在等待 / 通知范式基础上增加了超时控制，这使得该模式相比原有范式更具有灵活性，因为即使方法执行时间过长，也不会"永久"阻塞调用者，而是会按照调用者的要求"按时"返回。

4.4.2 一个简单的数据库连接池示例

我们使用等待超时模式来构造一个简单的数据库连接池，在示例中模拟从连接池中获取、使用和释放连接的过程，而客户端获取连接的过程被设定为等待超时的模式，也就是在 1000 毫秒内如果无法获取到可用连接，将会返回给客户端一个 null。设定连接池的大小为 10 个，然后通过调节客户端的线程数来模拟无法获取连接的场景。

首先看一下连接池的定义。它通过构造函数初始化连接的最大上限，通过一个双向队列来维护连接，调用方需要先调用 fetchConnection(long) 方法来指定在多少毫秒内超时获取连接，当连接使用完成后，需要调用 releaseConnection(Connection) 方法将连接放回线程池，示例如代码清单 4-16 所示。

代码清单 4-16　ConnectionPool.java

```java
public class ConnectionPool {
    private LinkedList<Connection> pool = new LinkedList<Connection>();

    public ConnectionPool(int initialSize) {
        if (initialSize > 0) {
            for (int i = 0; i < initialSize; i++) {
                pool.addLast(ConnectionDriver.createConnection());
            }
        }
    }

    public void releaseConnection(Connection connection) {
        if (connection != null) {
            synchronized (pool) {
                // 连接释放后需要进行通知，这样其他消费者能够感知到连接池中已经归还了一个连接
                pool.addLast(connection);
                pool.notifyAll();
            }
        }
    }

    // 在mills内无法获取到连接，将会返回null
    public Connection fetchConnection(long mills) throws InterruptedException {
        synchronized (pool) {
            // 完全超时
            if (mills <= 0) {
                while (pool.isEmpty()) {
                    pool.wait();
                }
                return pool.removeFirst();
            } else {
                long future = System.currentTimeMillis() + mills;
                long remaining = mills;
                while (pool.isEmpty() && remaining > 0) {
                    pool.wait(remaining);
                    remaining = future - System.currentTimeMillis();
                }
                Connection result = null;
```

```
                    if (!pool.isEmpty()) {
                        result = pool.removeFirst();
                    }
                    return result;
                }
            }
        }
    }
```

由于 java.sql.Connection 是一个接口，最终的实现是由数据库驱动提供方来实现的，考虑到只是个示例，我们通过动态代理构造了一个 Connection，该 Connection 的代理实现仅仅是在 commit() 方法调用时休眠 100 毫秒，示例如代码清单 4-17 所示。

代码清单 4-17　ConnectionDriver.java

```java
public class ConnectionDriver {
    static class ConnectionHandler implements InvocationHandler {
        public Object invoke(Object proxy, Method method, Object[] args) throws Throwable {
            if (method.getName().equals("commit")) {
                TimeUnit.MILLISECONDS.sleep(100);
            }
            return null;
        }
    }

    // 创建一个 Connection 的代理，在 commit 时休眠 100 毫秒
    public static final Connection createConnection() {
        return (Connection) Proxy.newProxyInstance(ConnectionDriver.class.getClassLoader(),
            new Class<?>[] { Connection.class }, new ConnectionHandler());
    }
}
```

下面通过一个示例来测试简易数据库连接池的工作情况，模拟客户端 ConnectionRunner 获取、使用、最后释放连接的过程，当它使用时连接将会增加获取到连接的数量，反之，将会增加未获取到连接的数量，示例如代码清单 4-18 所示。

代码清单 4-18　ConnectionPoolTest.java

```java
public class ConnectionPoolTest {
    static ConnectionPool  pool     = new ConnectionPool(10);
    // 保证所有 ConnectionRunner 能够同时开始
    static CountDownLatch  start    = new CountDownLatch(1);
    // main 线程将会等待所有 ConnectionRunner 结束后才能继续执行
    static CountDownLatch  end;

    public static void main(String[] args) throws Exception {
        // 线程数量，可以修改线程数量进行观察
        int threadCount = 10;
        end = new CountDownLatch(threadCount);
```

```java
        int count = 20;
        AtomicInteger got = new AtomicInteger();
        AtomicInteger notGot = new AtomicInteger();
        for (int i = 0; i < threadCount; i++) {
            Thread thread = new Thread(new ConnetionRunner(count, got, notGot),
            "ConnectionRunnerThread");
            thread.start();
        }
        start.countDown();
        end.await();
        System.out.println("total invoke: " + (threadCount * count));
        System.out.println("got connection:  " + got);
        System.out.println("not got connection " + notGot);
    }

    static class ConnetionRunner implements Runnable {
        int         count;
        AtomicInteger   got;
        AtomicInteger   notGot;

        public ConnetionRunner(int count, AtomicInteger got, AtomicInteger notGot) {
            this.count = count;
            this.got = got;
            this.notGot = notGot;
        }

        public void run() {
            try {
                start.await();
            } catch (Exception ex) {
            }
            while (count > 0) {
                try {
                    // 从线程池中获取连接，如果 1000ms 内无法获取到，将会返回 null
                    // 分别统计连接获取的数量 got 和未获取到的数量 notGot
                    Connection connection = pool.fetchConnection(1000);
                    if (connection != null) {
                        try {
                            connection.createStatement();
                            connection.commit();
                        } finally {
                            pool.releaseConnection(connection);
                            got.incrementAndGet();
                        }
                    } else {
                        notGot.incrementAndGet();
                    }
                } catch (Exception ex) {
                } finally {
                    count--;
```

```
                    }
                }
                end.countDown();
            }
        }
    }
```

上述示例中使用了 CountDownLatch 来确保 ConnectionRunnerThread 能够同时开始执行，并且在全部结束之后，才使 main 线程从等待状态中返回。当前设定的场景是 10 个线程同时运行获取连接池（10 个连接）中的连接，通过调节线程数量来观察未获取到连接的情况。线程数、总获取次数、获取到的数量、未获取到的数量以及未获取到的比率，如表 4-3 所示（笔者机器 CPU：i7-3635QM，内存为 8GB，实际输出可能与此表不同）。

表 4-3　线程数量与连接获取的关系

线程数量	总获取次数	获取到次数	未获取到次数	未获取到比率
10	200	200	0	0%
20	400	387	13	3.25%
30	600	542	58	9.67%
40	800	700	100	12.5%
50	1 000	828	172	17.2%

从表中的数据统计可以看出，在资源一定的情况下（连接池中的 10 个连接），随着客户端线程的逐步增加，客户端出现超时无法获取连接的比率不断升高。虽然客户端线程在这种超时获取的模式下会出现连接无法获取的情况，但是它能够保证客户端线程不会一直挂在连接获取的操作上，而是"按时"返回，并告知客户端连接获取出现问题，是系统的一种自我保护机制。数据库连接池的设计也可以复用到其他的资源获取的场景，针对昂贵资源（比如数据库连接）的获取都应该加以超时限制。

4.4.3　线程池技术及其示例

对于服务端的程序，经常面对的是客户端传入的短小（执行时间短、工作内容较为单一）任务，需要服务端快速处理并返回结果。如果服务端每次接受到一个任务，创建一个线程，然后进行执行，这在原型阶段是个不错的选择，但是面对成千上万的任务递交进服务器时，如果还是采用一个任务一个线程的方式，那么将会创建数以万记的线程，这不是一个好的选择。因为这会使操作系统频繁的进行线程上下文切换，无故增加系统的负载，而线程的创建和消亡都是需要耗费系统资源的，也无疑浪费了系统资源。

线程池技术能够很好地解决这个问题，它预先创建了若干数量的线程，并且不能由用户直接对线程的创建进行控制，在这个前提下重复使用固定或较为固定数目的线程来完成任务的执行。这样做的好处是，一方面，消除了频繁创建和消亡线程的系统资源开销，另一方面，面对过量任务的提交能够平缓的劣化。

下面先看一个简单的线程池接口定义，示例如代码清单 4-19 所示。

代码清单 4-19　ThreadPool.java

```java
public interface ThreadPool<Job extends Runnable> {
    // 执行一个 Job，这个 Job 需要实现 Runnable
    void execute(Job job);
    // 关闭线程池
    void shutdown();
    // 增加工作者线程
    void addWorkers(int num);
    // 减少工作者线程
    void removeWorker(int num);
    // 得到正在等待执行的任务数量
    int getJobSize();
}
```

客户端可以通过 execute(Job) 方法将 Job 提交入线程池执行，而客户端自身不用等待 Job 的执行完成。除了 execute(Job) 方法以外，线程池接口提供了增大 / 减少工作者线程以及关闭线程池的方法。这里工作者线程代表着一个重复执行 Job 的线程，而每个由客户端提交的 Job 都将进入到一个工作队列中等待工作者线程的处理。

接下来是线程池接口的默认实现，示例如代码清单 4-20 所示。

代码清单 4-20　DefaultThreadPool.java

```java
public class DefaultThreadPool<Job extends Runnable> implements ThreadPool<Job> {
    // 线程池最大限制数
    private static final int    MAX_WORKER_NUMBERS     = 10;
    // 线程池默认的数量
    private static final int    DEFAULT_WORKER_NUMBERS = 5;
    // 线程池最小的数量
    private static final int    MIN_WORKER_NUMBERS     = 1;
    // 这是一个工作列表，将会向里面插入工作
    private final LinkedList<Job>    jobs = new LinkedList<Job>();
    // 工作者列表
    private final List<Worker>    workers    = Collections.synchronizedList(new
    ArrayList<Worker>());
    // 工作者线程的数量
    private int    workerNum    = DEFAULT_WORKER_NUMBERS;
    // 线程编号生成
    private AtomicLong    threadNum    = new AtomicLong();

    public DefaultThreadPool() {
    initializeWokers(DEFAULT_WORKER_NUMBERS);
    }

    public DefaultThreadPool(int num) {
        workerNum = num > MAX_WORKER_NUMBERS ? MAX_WORKER_NUMBERS : num < MIN_WORKER_
        NUMBERS ? MIN_WORKER_NUMBERS : num;
```

```java
        initializeWokers(workerNum);
    }

    public void execute(Job job) {
        if (job != null) {
            // 添加一个工作，然后进行通知
            synchronized (jobs) {
                jobs.addLast(job);
                jobs.notify();
            }
        }
    }

    public void shutdown() {
        for (Worker worker : workers) {
            worker.shutdown();
        }
    }

    public void addWorkers(int num) {
        synchronized (jobs) {
            // 限制新增的 Worker 数量不能超过最大值
            if (num + this.workerNum > MAX_WORKER_NUMBERS) {
                num = MAX_WORKER_NUMBERS - this.workerNum;
            }
            initializeWokers(num);
            this.workerNum += num;
        }
    }

    public void removeWorker(int num) {
        synchronized (jobs) {
            if (num >= this.workerNum) {
                throw new IllegalArgumentException("beyond workNum");
            }
            // 按照给定的数量停止 Worker
            int count = 0;
            while (count < num) {
                Worker worker = workers.get(count);
                if (workers.remove(worker)) {
                worker.shutdown();
                    count++;
                }
            }
            this.workerNum -= count;
        }
    }

    public int getJobSize() {
        return jobs.size();
    }
```

```java
// 初始化线程工作者
private void initializeWokers(int num) {
    for (int i = 0; i < num; i++) {
        Worker worker = new Worker();
        workers.add(worker);
        Thread thread = new Thread(worker, "ThreadPool-Worker-" + threadNum.
        incrementAndGet());
        thread.start();
    }
}

// 工作者, 负责消费任务
class Worker implements Runnable {
    // 是否工作
    private volatile boolean     running     = true;
    public void run() {
        while (running) {
            Job job = null;
            synchronized (jobs) {
                // 如果工作者列表是空的, 那么就 wait
                while (jobs.isEmpty()) {
                    try {
                        jobs.wait();
                    } catch (InterruptedException ex) {
                        // 感知到外部对 WorkerThread 的中断操作, 返回
                        Thread.currentThread().interrupt();
                        return;
                    }
                }
                // 取出一个 Job
                job = jobs.removeFirst();
            }
            if (job != null) {
                try {
                    job.run();
                } catch (Exception ex) {
                    // 忽略 Job 执行中的 Exception
                }
            }
        }
    }

    public void shutdown() {
        running = false;
    }
}
```

从线程池的实现可以看到，当客户端调用execute(Job)方法时，会不断地向任务列表

jobs 中添加 Job，而每个工作者线程会不断地从 jobs 上取出一个 Job 进行执行，当 jobs 为空时，工作者线程进入等待状态。

添加一个 Job 后，对工作队列 jobs 调用了其 notify() 方法，而不是 notifyAll() 方法，因为能够确定有工作者线程被唤醒，这时使用 notify() 方法将会比 notifyAll() 方法获得更小的开销（避免将等待队列中的线程全部移动到阻塞队列中）。

可以看到，线程池的本质就是使用了一个线程安全的工作队列连接工作者线程和客户端线程，客户端线程将任务放入工作队列后便返回，而工作者线程则不断地从工作队列上取出工作并执行。当工作队列为空时，所有的工作者线程均等待在工作队列上，当有客户端提交了一个任务之后会通知任意一个工作者线程，随着大量的任务被提交，更多的工作者线程会被唤醒。

4.4.4　一个基于线程池技术的简单 Web 服务器

目前的浏览器都支持多线程访问，比如说在请求一个 HTML 页面的时候，页面中包含的图片资源、样式资源会被浏览器发起并发的获取，这样用户就不会遇到一直等到一个图片完全下载完成才能继续查看文字内容的尴尬情况。

如果 Web 服务器是单线程的，多线程的浏览器也没有用武之地，因为服务端还是一个请求一个请求的顺序处理。因此，大部分 Web 服务器都是支持并发访问的。常用的 Java Web 服务器，如 Tomcat、Jetty，在其处理请求的过程中都使用到了线程池技术。

下面通过使用前一节中的线程池来构造一个简单的 Web 服务器，这个 Web 服务器用来处理 HTTP 请求，目前只能处理简单的文本和 JPG 图片内容。这个 Web 服务器使用 main 线程不断地接受客户端 Socket 的连接，将连接以及请求提交给线程池处理，这样使得 Web 服务器能够同时处理多个客户端请求，示例如代码清单 4-21 所示。

代码清单 4-21　SimpleHttpServer.java

```java
public class SimpleHttpServer {
    // 处理 HttpRequest 的线程池
    static ThreadPool<HttpRequestHandler>  threadPool    = new DefaultThreadPool
        <HttpRequestHandler>(1);
    // SimpleHttpServer 的根路径
    static String     basePath;
    static ServerSocket    serverSocket;
    // 服务监听端口
    static int    port   = 8080;

    public static void setPort(int port) {
        if (port > 0) {
            SimpleHttpServer.port = port;
        }
    }
```

```java
public static void setBasePath(String basePath) {
    if (basePath != null && new File(basePath).exists() && new File(basePath).
    isDirectory()) {
        SimpleHttpServer.basePath = basePath;
    }
}

// 启动 SimpleHttpServer
public static void start() throws Exception {
    serverSocket = new ServerSocket(port);
    Socket socket = null;
    while ((socket = serverSocket.accept()) != null) {
        // 接收一个客户端 Socket，生成一个 HttpRequestHandler，放入线程池执行
        threadPool.execute(new HttpRequestHandler(socket));
    }
    serverSocket.close();
}

static class HttpRequestHandler implements Runnable {
    private Socket      socket;
    public HttpRequestHandler(Socket socket) {
        this.socket = socket;
    }

    @Override
    public void run() {
        String line = null;
        BufferedReader br = null;
        BufferedReader reader = null;
        PrintWriter out = null;
        InputStream in = null;
        try {
            reader = new BufferedReader(new InputStreamReader(socket.getInputStream()));
            String header = reader.readLine();
            // 由相对路径计算出绝对路径
            String filePath = basePath + header.split(" ")[1];
            out = new PrintWriter(socket.getOutputStream());
            // 如果请求资源的后缀为 jpg 或者 ico，则读取资源并输出
            if (filePath.endsWith("jpg") || filePath.endsWith("ico")) {
                in = new FileInputStream(filePath);
                ByteArrayOutputStream baos = new ByteArrayOutputStream();
                int i = 0;
                while ((i = in.read()) != -1) {
                    baos.write(i);
                }
                byte[] array = baos.toByteArray();
                out.println("HTTP/1.1 200 OK");
                out.println("Server: Molly");
```

```java
                out.println("Content-Type: image/jpeg");
                out.println("Content-Length: " + array.length);
                out.println("");
                socket.getOutputStream().write(array, 0, array.length);
            } else {
                br = new BufferedReader(new InputStreamReader(new
                FileInputStream(filePath)));
                out = new PrintWriter(socket.getOutputStream());
                out.println("HTTP/1.1 200 OK");
                out.println("Server: Molly");
                out.println("Content-Type: text/html; charset=UTF-8");
                out.println("");
                while ((line = br.readLine()) != null) {
                    out.println(line);
                }
            }
            out.flush();
        } catch (Exception ex) {
            out.println("HTTP/1.1 500");
            out.println("");
            out.flush();
        } finally {
            close(br, in, reader, out, socket);
        }
    }
}


// 关闭流或者 Socket
private static void close(Closeable... closeables) {
    if (closeables != null) {
        for (Closeable closeable : closeables) {
            try {
                closeable.close();
            } catch (Exception ex) {
            }
        }
    }
}
}
```

该 Web 服务器处理用户请求的时序图如，图 44 所示。

在图 4-4 中，SimpleHttpServer 在建立了与客户端的连接之后，并不会处理客户端的请求，而是将其包装成 HttpRequestHandler 并交由线程池处理。在线程池中的 Worker 处理客户端请求的同时，SimpleHttpServer 能够继续完成后续客户端连接的建立，不会阻塞后续客户端的请求。

接下来，通过一个测试对比来认识线程池技术带来服务器吞吐量的提高。我们准备了一个简单的 HTML 页面，内容如代码清单 4-22 所示。

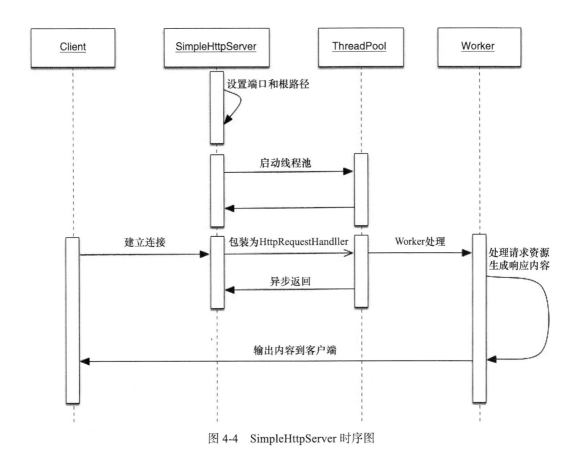

图 4-4 SimpleHttpServer 时序图

代码清单 4-22 Index.html

```html
<html>
    <head>
        <title>测试页面</title>
    </head>
    <body align="center">
        <h1>第一张图片</h1>
        <img src="1.jpg" align="middle" />
        <h1>第二张图片</h1>
        <img src="2.jpg" align="middle" />
        <h1>第三张图片</h1>
        <img src="3.jpg" align="middle" />
    </body>
</html>
```

将 SimpleHttpServer 的根目录设定到该 HTML 页面所在目录，并启动 SimpleHttpServer，通过 Apache HTTP server benchmarking tool（版本 2.3）来测试不同线程数下，SimpleHttpServer 的吞吐量表现。

测试场景是 5000 次请求，分 10 个线程并发执行，测试内容主要考察响应时间（越小越好）和每秒查询的数量（越高越好），测试结果如表 4-4 所示（笔者机器 CPU：i7-3635QM，内存为 8GB，实际输出可能与此表不同）。

表 4-4 测试结果

线程池线程数量	1	5	10
响应时间 (ms)	0.352	0.246	0.163
每秒查询的数量	3 076	4 065	6 123
测试完成时间 (s)	1.625	1.230	0.816

可以看到，随着线程池中线程数量的增加，SimpleHttpServer 的吞吐量不断增大，响应时间不断变小，线程池的作用非常明显。

但是，线程池中线程数量并不是越多越好，具体的数量需要评估每个任务的处理时间，以及当前计算机的处理器能力和数量。使用的线程过少，无法发挥处理器的性能；使用的线程过多，将会增加系统的无故开销，起到相反的作用。

4.5 本章小结

本章从介绍多线程技术带来的好处开始，讲述了如何启动和终止线程以及线程的状态，详细阐述了多线程之间进行通信的基本方式和等待 / 通知经典范式。在线程应用示例中，使用了等待超时、数据库连接池以及简单线程池 3 个不同的示例巩固本章前面章节所介绍的 Java 多线程基础知识。最后通过一个简单的 Web 服务器将上述知识点串联起来，加深我们对这些知识点的理解。

Java 中的锁

本章将介绍 Java 并发包中与锁相关的 API 和组件，以及这些 API 和组件的使用方式和实现细节。内容主要围绕两个方面：**使用**，通过示例演示这些组件的使用方法以及详细介绍与锁相关的 API ；**实现**，通过分析源码来剖析实现细节，因为理解实现的细节方能更加得心应手且正确地使用这些组件。希望通过以上两个方面的讲解使开发者对锁的使用和实现两个层面有一定的了解。

5.1 Lock 接口

锁是用来控制多个线程访问共享资源的方式，一般来说，一个锁能够防止多个线程同时访问共享资源（但是有些锁可以允许多个线程并发的访问共享资源，比如读写锁）。在 Lock 接口出现之前，Java 程序是靠 synchronized 关键字实现锁功能的，而 Java SE 5 之后，并发包中新增了 Lock 接口（以及相关实现类）用来实现锁功能，它提供了与 synchronized 关键字类似的同步功能，只是在使用时需要显式地获取和释放锁。虽然它缺少了（通过 synchronized 块或者方法所提供的）隐式获取释放锁的便捷性，但是却拥有了锁获取与释放的可操作性、可中断的获取锁以及超时获取锁等多种 synchronized 关键字所不具备的同步特性。

使用 synchronized 关键字将会隐式地获取锁，但是它将锁的获取和释放固化了，也就是先获取再释放。当然，这种方式简化了同步的管理，可是扩展性没有显示的锁获取和释放来的好。例如，针对一个场景，手把手进行锁获取和释放，先获取锁 A，然后再获取锁 B，当锁 B 获得后，释放锁 A 同时获取锁 C，当锁 C 获得后，再释放 B 同时获取锁 D，以此类推。

这种场景下，synchronized 关键字就不那么容易实现了，而使用 Lock 却容易许多。

Lock 的使用也很简单，代码清单 5-1 是 Lock 的使用的方式。

代码清单 5-1　LockUseCase.java

```
Lock lock = new ReentrantLock();
lock.lock();
try {
} finally {
    lock.unlock();
}
```

在 finally 块中释放锁，目的是保证在获取到锁之后，最终能够被释放。

不要将获取锁的过程写在 try 块中，因为如果在获取锁（自定义锁的实现）时发生了异常，异常抛出的同时，也会导致锁无故释放。

Lock 接口提供的 synchronized 关键字所不具备的主要特性如表 5-1 所示。

表 5-1　Lock 接口提供的 synchronized 关键字不具备的主要特性

特　　性	描　　述
尝试非阻塞地获取锁	当前线程尝试获取锁，如果这一时刻锁没有被其他线程获取到，则成功获取并持有锁
能被中断地获取锁	与 synchronized 不同，获取到锁的线程能够响应中断，当获取到锁的线程被中断时，中断异常将会被抛出，同时锁会被释放
超时获取锁	在指定的截止时间之前获取锁，如果截止时间到了仍旧无法获取锁，则返回

Lock 是一个接口，它定义了锁获取和释放的基本操作，Lock 的 API 如表 5-2 所示。

表 5-2　Lock 的 API

方法名称	描　　述
void lock()	获取锁，调用该方法当前线程将会获取锁，当锁获得后，从该方法返回
void lockInterruptibly() throws InterruptedException	可中断地获取锁，和 lock() 方法的不同之处在于该方法会响应中断，即在锁的获取中可以中断当前线程
boolean tryLock()	尝试非阻塞的获取锁，调用该方法后立刻返回，如果能够获取则返回 true，否则返回 false
boolean tryLock(long time, TimeUnit unit) throws InterruptedException	超时的获取锁，当前线程在以下 3 种情况下会返回： ①当前线程在超时时间内获得了锁 ②当前线程在超时时间内被中断 ③超时时间结束，返回 false
void unlock()	释放锁
Condition newCondition()	获取等待通知组件，该组件和当前的锁绑定，当前线程只有获得了锁，才能调用该组件的 wait() 方法，而调用后，当前线程将释放锁

这里先简单介绍一下 Lock 接口的 API，随后的章节会详细介绍同步器 AbstractQueuedSynchronizer 以及常用 Lock 接口的实现 ReentrantLock。Lock 接口的实现基本都是通过聚合了一个同步器的子类来完成线程访问控制的。

5.2　队列同步器

队列同步器 AbstractQueuedSynchronizer（以下简称同步器），是用来构建锁或者其他同步组件的基础框架，它使用了一个 int 成员变量表示同步状态，通过内置的 FIFO 队列来完成资源获取线程的排队工作，并发包的作者（Doug Lea）期望它能够成为实现大部分同步需求的基础。

同步器的主要使用方式是继承，子类通过继承同步器并实现它的抽象方法来管理同步状态，在抽象方法的实现过程中免不了要对同步状态进行更改，这时就需要使用同步器提供的 3 个方法（getState()、setState(int newState) 和 compareAndSetState(int expect, int update)）来进行操作，因为它们能够保证状态的改变是安全的。子类推荐被定义为自定义同步组件的静态内部类，同步器自身没有实现任何同步接口，它仅仅是定义了若干同步状态获取和释放的方法来供自定义同步组件使用，同步器既可以支持独占式地获取同步状态，也可以支持共享式地获取同步状态，这样就可以方便实现不同类型的同步组件（ReentrantLock、ReentrantReadWriteLock 和 CountDownLatch 等）。

同步器是实现锁（也可以是任意同步组件）的关键，在锁的实现中聚合同步器，利用同步器实现锁的语义。可以这样理解二者之间的关系：锁是面向使用者的，它定义了使用者与锁交互的接口（比如可以允许两个线程并行访问），隐藏了实现细节；同步器面向的是锁的实现者，它简化了锁的实现方式，屏蔽了同步状态管理、线程的排队、等待与唤醒等底层操作。锁和同步器很好地隔离了使用者和实现者所需关注的领域。

5.2.1　队列同步器的接口与示例

同步器的设计是基于模板方法模式的，也就是说，使用者需要继承同步器并重写指定的方法，随后将同步器组合在自定义同步组件的实现中，并调用同步器提供的模板方法，而这些模板方法将会调用使用者重写的方法。

重写同步器指定的方法时，需要使用同步器提供的如下 3 个方法来访问或修改同步状态。

❑ getState()：获取当前同步状态。

❑ setState(int newState)：设置当前同步状态。

❑ compareAndSetState(int expect, int update)：使用 CAS 设置当前状态，该方法能够保证状态设置的原子性。

同步器可重写的方法与描述如表 5-3 所示。

表 5-3　同步器可重写的方法

方法名称	描　　述
protected boolean tryAcquire(int arg)	独占式获取同步状态，实现该方法需要查询当前状态并判断同步状态是否符合预期，然后再进行 CAS 设置同步状态
protected boolean tryRelease(int arg)	独占式释放同步状态，等待获取同步状态的线程将有机会获取同步状态

（续）

方法名称	描 述
protected int tryAcquireShared(int arg)	共享式获取同步状态，返回大于等于 0 的值，表示获取成功，反之，获取失败
protected boolean tryReleaseShared(int arg)	共享式释放同步状态
protected boolean isHeldExclusively()	当前同步器是否在独占模式下被线程占用，一般该方法表示是否被当前线程所独占

实现自定义同步组件时，将会调用同步器提供的模板方法，这些（部分）模板方法与描述如表 5-4 所示。

表 5-4　同步器提供的模板方法

方法名称	描 述
void acquire(int arg)	独占式获取同步状态，如果当前线程获取同步状态成功，则由该方法返回，否则，将会进入同步队列等待，该方法将会调用重写的 tryAcquire(int arg) 方法
void acquireInterruptibly(int arg)	与 acquire(int arg) 相同，但是该方法响应中断，当前线程未获取到同步状态而进入同步队列中，如果当前线程被中断，则该方法会抛出 InterruptedException 并返回
boolean tryAcquireNanos(int arg, long nanos)	在 acquireInterruptibly(int arg) 基础上增加了超时限制，如果当前线程在超时时间内没有获取到同步状态，那么将会返回 false，如果获取到了返回 true
void acquireShared(int arg)	共享式的获取同步状态，如果当前线程未获取到同步状态，将会进入同步队列等待，与独占式获取的主要区别是在同一时刻可以有多个线程获取到同步状态
void acquireSharedInterruptibly(int arg)	与 acquireShared(int arg) 相同，该方法响应中断
boolean tryAcquireSharedNanos(int arg, long nanos)	在 acquireSharedInterruptibly(int arg) 基础上增加了超时限制
boolean release(int arg)	独占式的释放同步状态，该方法会在释放同步状态之后，将同步队列中第一个节点包含的线程唤醒
boolean releaseShared(int arg)	共享式的释放同步状态
Collection<Thread> getQueuedThreads()	获取等待在同步队列上的线程集合

同步器提供的模板方法基本上分为 3 类：独占式获取与释放同步状态、共享式获取与释放同步状态和查询同步队列中的等待线程情况。自定义同步组件将使用同步器提供的模板方法来实现自己的同步语义。

只有掌握了同步器的工作原理才能更加深入地理解并发包中其他的并发组件，所以下面通过一个独占锁的示例来深入了解一下同步器的工作原理。

顾名思义，独占锁就是在同一时刻只能有一个线程获取到锁，而其他获取锁的线程只能处于同步队列中等待，只有获取锁的线程释放了锁，后继的线程才能够获取锁，如代码清单 5-2 所示。

代码清单 5-2　Mutex.java

```java
class Mutex implements Lock {
    // 静态内部类，自定义同步器
    private static class Sync extends AbstractQueuedSynchronizer {
        // 是否处于占用状态
        protected boolean isHeldExclusively() {
            return getState() == 1;
        }
        // 当状态为 0 的时候获取锁
        public boolean tryAcquire(int acquires) {
            if (compareAndSetState(0, 1)) {
                setExclusiveOwnerThread(Thread.currentThread());
                return true;
            }
            return false;
        }
        // 释放锁，将状态设置为 0
        protected boolean tryRelease(int releases) {
            if (getState() == 0) throw new
            IllegalMonitorStateException();
            setExclusiveOwnerThread(null);
            setState(0);
            return true;
        }
        // 返回一个 Condition，每个 condition 都包含了一个 condition 队列
        Condition newCondition() { return new ConditionObject(); }
    }
    // 仅需要将操作代理到 Sync 上即可
    private final Sync sync = new Sync();
    public void lock() { sync.acquire(1); }
    public boolean tryLock() { return sync.tryAcquire(1); }
    public void unlock() { sync.release(1); }
    public Condition newCondition() { return sync.newCondition(); }
    public boolean isLocked() { return sync.isHeldExclusively(); }
    public boolean hasQueuedThreads() { return sync.hasQueuedThreads(); }
    public void lockInterruptibly() throws InterruptedException {
        sync.acquireInterruptibly(1);
    }
    public boolean tryLock(long timeout, TimeUnit unit) throws InterruptedException {
        return sync.tryAcquireNanos(1, unit.toNanos(timeout));
    }
}
```

上述示例中，独占锁 Mutex 是一个自定义同步组件，它在同一时刻只允许一个线程占有锁。Mutex 中定义了一个静态内部类，该内部类继承了同步器并实现了独占式获取和释放同步状态。在 tryAcquire(int acquires) 方法中，如果经过 CAS 设置成功（同步状态设置为 1），则代表获取了同步状态，而在 tryRelease(int releases) 方法中只是将同步状态重置为 0。用

户使用 Mutex 时并不会直接和内部同步器的实现打交道，而是调用 Mutex 提供的方法，在 Mutex 的实现中，以获取锁的 lock() 方法为例，只需要在方法实现中调用同步器的模板方法 acquire(int args) 即可，当前线程调用该方法获取同步状态失败后会被加入到同步队列中等待，这样就大大降低了实现一个可靠自定义同步组件的门槛。

5.2.2　队列同步器的实现分析

接下来将从实现角度分析同步器是如何完成线程同步的，主要包括：同步队列、独占式同步状态获取与释放、共享式同步状态获取与释放以及超时获取同步状态等同步器的核心数据结构与模板方法。

1. 同步队列

同步器依赖内部的同步队列（一个 FIFO 双向队列）来完成同步状态的管理，当前线程获取同步状态失败时，同步器会将当前线程以及等待状态等信息构造成为一个节点（Node）并将其加入同步队列，同时会阻塞当前线程，当同步状态释放时，会把首节点中的线程唤醒，使其再次尝试获取同步状态。

同步队列中的节点（Node）用来保存获取同步状态失败的线程引用、等待状态以及前驱和后继节点，节点的属性类型与名称以及描述如表 5-5 所示。

表 5-5　节点的属性类型与名称以及描述

属性类型与名称	描　　述
int waitStatus	等待状态。 包含如下状态。 ① CANCELLED，值为 1，由于在同步队列中等待的线程等待超时或者被中断，需要从同步队列中取消等待，节点进入该状态将不会变化 ② SIGNAL，值为 -1，后继节点的线程处于等待状态，而当前节点的线程如果释放了同步状态或者被取消，将会通知后继节点，使后继节点的线程得以运行 ③ CONDITION，值为 -2，节点在等待队列中，节点线程等待在 Condition 上，当其他线程对 Condition 调用了 signal() 方法后，该节点将会从等待队列中转移到同步队列中，加入到对同步状态的获取中 ④ PROPAGATE，值为 -3，表示下一次共享式同步状态获取将会无条件地被传播下去 ⑤ INITIAL，值为 0，初始状态
Node prev	前驱节点，当节点加入同步队列时被设置（尾部添加）
Node next	后继节点
Node nextWaiter	等待队列中的后继节点。如果当前节点是共享的，那么这个字段将是一个 SHARED 常量，也就是说节点类型（独占和共享）和等待队列中的后继节点共用同一个字段
Thread thread	获取同步状态的线程

节点是构成同步队列（等待队列，在 5.6 节中将会介绍）的基础，同步器拥有首节点（head）和尾节点（tail），没有成功获取同步状态的线程将会成为节点加入该队列的尾部，同步队列的基本结构如图 5-1 所示。

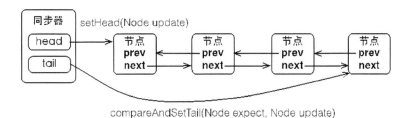

图 5-1　同步队列的基本结构

在图 5-1 中，同步器包含了两个节点类型的引用，一个指向头节点，而另一个指向尾节点。试想一下，当一个线程成功地获取了同步状态（或者锁），其他线程将无法获取到同步状态，转而被构造成为节点并加入到同步队列中，而这个加入队列的过程必须要保证线程安全，因此同步器提供了一个基于 CAS 的设置尾节点的方法：compareAndSetTail(Node expect, Node update)，它需要传递当前线程"认为"的尾节点和当前节点，只有设置成功后，当前节点才正式与之前的尾节点建立关联。

同步器将节点加入到同步队列的过程如图 5-2 所示。

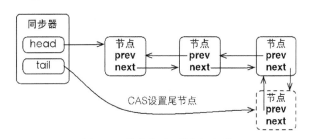

图 5-2　节点加入到同步队列

同步队列遵循 FIFO，首节点是获取同步状态成功的节点，首节点的线程在释放同步状态时，将会唤醒后继节点，而后继节点将会在获取同步状态成功时将自己设置为首节点，该过程如图 5-3 所示。

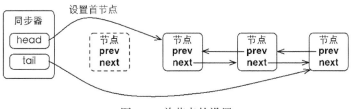

图 5-3　首节点的设置

在图 5-3 中，设置首节点是通过获取同步状态成功的线程来完成的，由于只有一个线程能够成功获取到同步状态，因此设置头节点的方法并不需要使用 CAS 来保证，它只需要将首节点设置成为原首节点的后继节点并断开原首节点的 next 引用即可。

2. 独占式同步状态获取与释放

通过调用同步器的 acquire(int arg) 方法可以获取同步状态，该方法对中断不敏感，也就是由于线程获取同步状态失败后进入同步队列中，后续对线程进行中断操作时，线程不会从同步队列中移出，该方法代码如代码清单 5-3 所示。

代码清单 5-3　同步器的 acquire 方法

```
public final void acquire(int arg) {
        if (!tryAcquire(arg) &&
            acquireQueued(addWaiter(Node.EXCLUSIVE), arg))
            selfInterrupt();
}
```

上述代码主要完成了同步状态获取、节点构造、加入同步队列以及在同步队列中自旋等待的相关工作，其主要逻辑是：首先调用自定义同步器实现的 tryAcquire(int arg) 方法，该方法保证线程安全的获取同步状态，如果同步状态获取失败，则构造同步节点（独占式 Node.EXCLUSIVE，同一时刻只能有一个线程成功获取同步状态）并通过 addWaiter(Node node) 方法将该节点加入到同步队列的尾部，最后调用 acquireQueued(Node node, int arg) 方法，使得该节点以"死循环"的方式获取同步状态。如果获取不到则阻塞节点中的线程，而被阻塞线程的唤醒主要依靠前驱节点的出队或阻塞线程被中断来实现。

下面分析一下相关工作。首先是节点的构造以及加入同步队列，如代码清单 5-4 所示。

代码清单 5-4　同步器的 addWaiter 和 enq 方法

```
private Node addWaiter(Node mode) {
    Node node = new Node(Thread.currentThread(), mode);
    // 快速尝试在尾部添加
    Node pred = tail;
    if (pred != null) {
            node.prev = pred;
            if (compareAndSetTail(pred, node)) {
                    pred.next = node;
                    return node;
            }
    }
    enq(node);
    return node;
}

private Node enq(final Node node) {
    for (;;) {
            Node t = tail;
            if (t == null) { // Must initialize
                    if (compareAndSetHead(new Node()))
                            tail = head;
            } else {
                    node.prev = t;
```

```
                    if (compareAndSetTail(t, node)) {
                        t.next = node;
                        return t;
                    }
                }
            }
        }
```

上述代码通过使用 compareAndSetTail(Node expect, Node update) 方法来确保节点能够被线程安全添加。试想一下：如果使用一个普通的 LinkedList 来维护节点之间的关系，那么当一个线程获取了同步状态，而其他多个线程由于调用 tryAcquire(int arg) 方法获取同步状态失败而并发地被添加到 LinkedList 时，LinkedList 将难以保证 Node 的正确添加，最终的结果可能是节点的数量有偏差，而且顺序也是混乱的。

在 enq(final Node node) 方法中，同步器通过"死循环"来保证节点的正确添加，在"死循环"中只有通过 CAS 将节点设置成为尾节点之后，当前线程才能从该方法返回，否则，当前线程不断地尝试设置。可以看出，enq(final Node node) 方法将并发添加节点的请求通过 CAS 变得"串行化"了。

节点进入同步队列之后，就进入了一个自旋的过程，每个节点（或者说每个线程）都在自省地观察，当条件满足，获取到了同步状态，就可以从这个自旋过程中退出，否则依旧留在这个自旋过程中（并会阻塞节点的线程），如代码清单 5-5 所示。

代码清单 5-5　同步器的 acquireQueued 方法

```
final boolean acquireQueued(final Node node, int arg) {
    boolean failed = true;
    try {
        boolean interrupted = false;
        for (;;) {
            final Node p = node.predecessor();
            if (p == head && tryAcquire(arg)) {
                setHead(node);
                p.next = null; // help GC
                failed = false;
                return interrupted;
            }
            if (shouldParkAfterFailedAcquire(p, node) &&
            parkAndCheckInterrupt())
                interrupted = true;
        }
    } finally {
        if (failed)
            cancelAcquire(node);
    }
}
```

在 acquireQueued (final Node node, int arg) 方法中，当前线程在"死循环"中尝试获取同步

状态，而只有前驱节点是头节点才能够尝试获取同步状态，这是为什么？原因有两个，如下。

第一，头节点是成功获取到同步状态的节点，而头节点的线程释放了同步状态之后，将会唤醒其后继节点，后继节点的线程被唤醒后需要检查自己的前驱节点是否是头节点。

第二，维护同步队列的 FIFO 原则。该方法中，节点自旋获取同步状态的行为如图 5-4 所示。

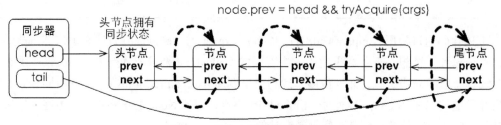

图 5-4　节点自旋获取同步状态

在图 5-4 中，由于非首节点线程前驱节点出队或者被中断而从等待状态返回，随后检查自己的前驱是否是头节点，如果是则尝试获取同步状态。可以看到节点和节点之间在循环检查的过程中基本不相互通信，而是简单地判断自己的前驱是否为头节点，这样就使得节点的释放规则符合 FIFO，并且也便于对过早通知的处理（过早通知是指前驱节点不是头节点的线程由于中断而被唤醒）。

独占式同步状态获取流程，也就是 acquire(int arg) 方法调用流程，如图 5-5 所示。

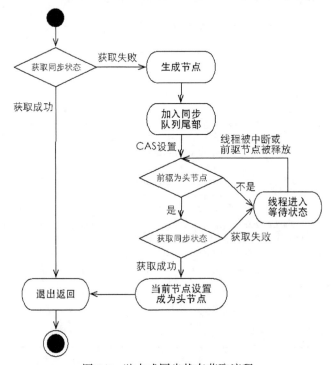

图 5-5　独占式同步状态获取流程

在图 5-5 中，前驱节点为头节点且能够获取同步状态的判断条件和线程进入等待状态是获取同步状态的自旋过程。当同步状态获取成功之后，当前线程从 acquire(int arg) 方法返回，如果对于锁这种并发组件而言，代表着当前线程获取了锁。

当前线程获取同步状态并执行了相应逻辑之后，就需要释放同步状态，使得后续节点能够继续获取同步状态。通过调用同步器的 release(int arg) 方法可以释放同步状态，该方法在释放了同步状态之后，会唤醒其后继节点（进而使后继节点重新尝试获取同步状态）。该方法代码如代码清单 5-6 所示。

代码清单 5-6　同步器的 release 方法

```
public final boolean release(int arg) {
    if (tryRelease(arg)) {
        Node h = head;
        if (h != null && h.waitStatus != 0)
            unparkSuccessor(h);
        return true;
    }
    return false;
}
```

该方法执行时，会唤醒头节点的后继节点线程，unparkSuccessor(Node node) 方法使用 LockSupport（在后面的章节会专门介绍）来唤醒处于等待状态的线程。

分析了独占式同步状态获取和释放过程后，适当做个总结：在获取同步状态时，同步器维护一个同步队列，获取状态失败的线程都会被加入到队列中并在队列中进行自旋；移出队列（或停止自旋）的条件是前驱节点为头节点且成功获取了同步状态。在释放同步状态时，同步器调用 tryRelease(int arg) 方法释放同步状态，然后唤醒头节点的后继节点。

3. 共享式同步状态获取与释放

共享式获取与独占式获取最主要的区别在于同一时刻能否有多个线程同时获取到同步状态。以文件的读写为例，如果一个程序在对文件进行读操作，那么这一时刻对于该文件的写操作均被阻塞，而读操作能够同时进行。写操作要求对资源的独占式访问，而读操作可以是共享式访问，两种不同的访问模式在同一时刻对文件或资源的访问情况，如图 5-6 所示。

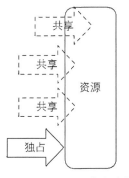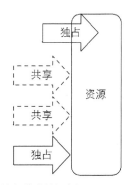

图 5-6　共享式与独占式访问资源的对比

在图 5-6 中，左半部分，共享式访问资源时，其他共享式的访问均被允许，而独占式访问被阻塞，右半部分是独占式访问资源时，同一时刻其他访问均被阻塞。

通过调用同步器的 acquireShared(int arg) 方法可以共享式地获取同步状态，该方法代码如代码清单 5-7 所示。

代码清单 5-7　同步器的 acquireShared 和 doAcquireShared 方法

```
public final void acquireShared(int arg) {
    if (tryAcquireShared(arg) < 0)
        doAcquireShared(arg);
}

private void doAcquireShared(int arg) {
    final Node node = addWaiter(Node.SHARED);
    boolean failed = true;
    try {
        boolean interrupted = false;
        for (;;) {
            final Node p = node.predecessor();
            if (p == head) {
                int r = tryAcquireShared(arg);
                if (r >= 0) {
                    setHeadAndPropagate(node, r);
                    p.next = null;
                    if (interrupted)
                        selfInterrupt();
                    failed = false;
                    return;
                }
            }
            if (shouldParkAfterFailedAcquire(p, node) &&
            parkAndCheckInterrupt())
                interrupted = true;
        }
    } finally {
        if (failed)
            cancelAcquire(node);
    }
}
```

在 acquireShared(int arg) 方法中，同步器调用 tryAcquireShared(int arg) 方法尝试获取同步状态，tryAcquireShared(int arg) 方法返回值为 int 类型，当返回值大于等于 0 时，表示能够获取到同步状态。因此，在共享式获取的自旋过程中，成功获取到同步状态并退出自旋的条件就是 tryAcquireShared(int arg) 方法返回值大于等于 0。可以看到，在 doAcquireShared(int arg) 方法的自旋过程中，如果当前节点的前驱为头节点时，尝试获取同步状态，如果返回值大于等于 0，表示该次获取同步状态成功并从自旋过程中退出。

与独占式一样，共享式获取也需要释放同步状态，通过调用 releaseShared(int arg) 方法可以释放同步状态，该方法代码如代码清单 5-8 所示。

```
public final boolean releaseShared(int arg) {
    if (tryReleaseShared(arg)) {
            doReleaseShared();
            return true;
    }
    return false;
}
```

该方法在释放同步状态之后，将会唤醒后续处于等待状态的节点。对于能够支持多个线程同时访问的并发组件（比如 Semaphore），它和独占式主要区别在于 tryReleaseShared(int arg) 方法必须确保同步状态（或者资源数）线程安全释放，一般是通过循环和 CAS 来保证的，因为释放同步状态的操作会同时来自多个线程。

4. 独占式超时获取同步状态

通过调用同步器的 doAcquireNanos(int arg, long nanosTimeout) 方法可以超时获取同步状态，即在指定的时间段内获取同步状态，如果获取到同步状态则返回 true，否则，返回 false。该方法提供了传统 Java 同步操作（比如 synchronized 关键字）所不具备的特性。

在分析该方法的实现前，先介绍一下响应中断的同步状态获取过程。在 Java 5 之前，当一个线程获取不到锁而被阻塞在 synchronized 之外时，对该线程进行中断操作，此时该线程的中断标志位会被修改，但线程依旧会阻塞在 synchronized 上，等待着获取锁。在 Java 5 中，同步器提供了 acquireInterruptibly(int arg) 方法，这个方法在等待获取同步状态时，如果当前线程被中断，会立刻返回，并抛出 InterruptedException。

超时获取同步状态过程可以被视作响应中断获取同步状态过程的"增强版"，doAcquireNanos(int arg, long nanosTimeout) 方法在支持响应中断的基础上，增加了超时获取的特性。针对超时获取，主要需要计算出需要睡眠的时间间隔 nanosTimeout，为了防止过早通知，nanosTimeout 计算公式为：nanosTimeout -= now - lastTime，其中 now 为当前唤醒时间，lastTime 为上次唤醒时间，如果 nanosTimeout 大于 0 则表示超时时间未到，需要继续睡眠 nanosTimeout 纳秒，反之，表示已经超时，该方法代码如代码清单 5-9 所示。

```
private boolean doAcquireNanos(int arg, long nanosTimeout)
throws InterruptedException {
    long lastTime = System.nanoTime();
    final Node node = addWaiter(Node.EXCLUSIVE);
    boolean failed = true;
    try {
            for (;;) {
                    final Node p = node.predecessor();
                    if (p == head && tryAcquire(arg)) {
                            setHead(node);
```

```
                    p.next = null; // help GC
                    failed = false;
                    return true;
            }
            if (nanosTimeout <= 0)
                    return false;
            if (shouldParkAfterFailedAcquire(p, node)
                    && nanosTimeout > spinForTimeoutThreshold)
                    LockSupport.parkNanos(this, nanosTimeout);
            long now = System.nanoTime();
            //计算时间，当前时间now减去睡眠之前的时间lastTime得到已经睡眠
            //的时间delta，然后被原有超时时间nanosTimeout减去，得到了
            //还应该睡眠的时间
            nanosTimeout -= now - lastTime;
            lastTime = now;
            if (Thread.interrupted())
                    throw new InterruptedException();
        }
} finally {
        if (failed)
                cancelAcquire(node);
    }
}
```

该方法在自旋过程中，当节点的前驱节点为头节点时尝试获取同步状态，如果获取成功则从该方法返回，这个过程和独占式同步获取的过程类似，但是在同步状态获取失败的处理上有所不同。如果当前线程获取同步状态失败，则判断是否超时（nanosTimeout 小于等于 0 表示已经超时），如果没有超时，重新计算超时间隔 nanosTimeout，然后使当前线程等待 nanosTimeout 纳秒（当已到设置的超时时间，该线程会从 LockSupport.parkNanos(Object blocker, long nanos) 方法返回）。

如果 nanosTimeout 小于等于 spinForTimeoutThreshold（1000 纳秒）时，将不会使该线程进行超时等待，而是进入快速的自旋过程。原因在于，非常短的超时等待无法做到十分精确，如果这时再进行超时等待，相反会让 nanosTimeout 的超时从整体上表现得反而不精确。因此，在超时非常短的场景下，同步器会进入无条件的快速自旋。

独占式超时获取同步态的流程如图 5-7 所示。

从图 5-7 中可以看出，独占式超时获取同步状态 doAcquireNanos(int arg, long nanosTimeout) 和独占式获取同步状态 acquire(int args) 在流程上非常相似，其主要区别在于未获取到同步状态时的处理逻辑。acquire(int args) 在未获取到同步状态时，将会使当前线程一直处于等待状态，而 doAcquireNanos(int arg, long nanosTimeout) 会使当前线程等待 nanosTimeout 纳秒，如果当前线程在 nanosTimeout 纳秒内没有获取到同步状态，将会从等待逻辑中自动返回。

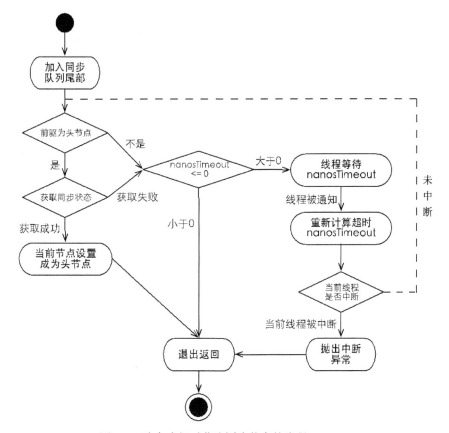

图 5-7　独占式超时获取同步状态的流程

5. 自定义同步组件——TwinsLock

在前面的章节中，对同步器 AbstractQueuedSynchronizer 进行了实现层面的分析，本节通过编写一个自定义同步组件来加深对同步器的理解。

设计一个同步工具：该工具在同一时刻，只允许至多两个线程同时访问，超过两个线程的访问将被阻塞，我们将这个同步工具命名为 TwinsLock。

首先，确定访问模式。TwinsLock 能够在同一时刻支持多个线程的访问，这显然是共享式访问，因此，需要使用同步器提供的 acquireShared(int args) 方法等和 Shared 相关的方法，这就要求 TwinsLock 必须重写 tryAcquireShared(int args) 方法和 tryReleaseShared(int args) 方法，这样才能保证同步器的共享式同步状态的获取与释放方法得以执行。

其次，定义资源数。TwinsLock 在同一时刻允许至多两个线程的同时访问，表明同步资源数为 2，这样可以设置初始状态 status 为 2，当一个线程进行获取，status 减 1，该线程释放，则 status 加 1，状态的合法范围为 0、1 和 2，其中 0 表示当前已经有两个线程获取了同步资源，此时再有其他线程对同步状态进行获取，该线程只能被阻塞。在同步状态变更时，需要使用 compareAndSet(int expect, int update) 方法做原子性保障。

最后，组合自定义同步器。前面的章节提到，自定义同步组件通过组合自定义同步器来完成同步功能，一般情况下自定义同步器会被定义为自定义同步组件的内部类。

TwinsLock（部分）代码如代码清单 5-10 所示。

代码清单 5-10　TwinsLock.java

```java
public class TwinsLock implements Lock {
    private final Sync    sync    = new Sync(2);
    private static final class Sync extends AbstractQueuedSynchronizer {
        Sync(int count) {
            if (count <= 0) {
                throw new IllegalArgumentException("count must large
                than zero.");
            }
            setState(count);
        }
        public int tryAcquireShared(int reduceCount) {
            for (;;) {
                int current = getState();
                int newCount = current - reduceCount;
                if (newCount < 0 || compareAndSetState(current,
                newCount)) {
                    return newCount;
                }
            }
        }
        public boolean tryReleaseShared(int returnCount) {
            for (;;) {
                int current = getState();
                int newCount = current + returnCount;
                if (compareAndSetState(current, newCount)) {
                    return true;
                }
            }
        }
    }
    public void lock() {
        sync.acquireShared(1);
    }
    public void unlock() {
        sync.releaseShared(1);
    }

    // 其他接口方法略
}
```

在上述示例中，TwinsLock 实现了 Lock 接口，提供了面向使用者的接口，使用者调用

lock() 方法获取锁，随后调用 unlock() 方法释放锁，而同一时刻只能有两个线程同时获取到锁。TwinsLock 同时包含了一个自定义同步器 Sync，而该同步器面向线程访问和同步状态控制。以共享式获取同步状态为例：同步器会先计算出获取后的同步状态，然后通过 CAS 确保状态的正确设置，当 tryAcquireShared(int reduceCount) 方法返回值大于等于 0 时，当前线程才获取同步状态，对于上层的 TwinsLock 而言，则表示当前线程获得了锁。

同步器作为一个桥梁，连接线程访问以及同步状态控制等底层技术与不同并发组件（比如 Lock、CountDownLatch 等）的接口语义。

下面编写一个测试来验证 TwinsLock 是否能按照预期工作。在测试用例中，定义了工作者线程 Worker，该线程在执行过程中获取锁，当获取锁之后使当前线程睡眠 1 秒（并不释放锁），随后打印当前线程名称，最后再次睡眠 1 秒并释放锁，测试用例如代码清单 5-11 所示。

代码清单 5-11　TwinsLockTest.java

```java
public class TwinsLockTest {
    @Test
    public void test() {
        final Lock lock = new TwinsLock();
        class Worker extends Thread {
            public void run() {
                while (true) {
                    lock.lock();
                    try {
                        SleepUtils.second(1);
System.out.println(Thread.currentThread().getName());
                        SleepUtils.second(1);
                    } finally {
                        lock.unlock();
                    }
                }
            }
        }
        // 启动 10 个线程
        for (int i = 0; i < 10; i++) {
            Worker w = new Worker();
            w.setDaemon(true);
            w.start();
        }
        // 每隔 1 秒换行
        for (int i = 0; i < 10; i++) {
            SleepUtils.second(1);
            System.out.println();
        }
    }
}
```

运行该测试用例，可以看到线程名称成对输出，也就是在同一时刻只有两个线程能够获取到锁，这表明 TwinsLock 可以按照预期正确工作。

5.3　重入锁

重入锁 ReentrantLock，顾名思义，就是支持重进入的锁，它表示该锁能够支持一个线程对资源的重复加锁。除此之外，该锁的还支持获取锁时的公平和非公平性选择。

回忆在同步器一节中的示例（Mutex），同时考虑如下场景：当一个线程调用 Mutex 的 lock() 方法获取锁之后，如果再次调用 lock() 方法，则该线程将会被自己所阻塞，原因是 Mutex 在实现 tryAcquire(int acquires) 方法时没有考虑占有锁的线程再次获取锁的场景，而在调用 tryAcquire(int acquires) 方法时返回了 false，导致该线程被阻塞。简单地说，Mutex 是一个不支持重进入的锁。而 synchronized 关键字隐式的支持重进入，比如一个 synchronized 修饰的递归方法，在方法执行时，执行线程在获取了锁之后仍能连续多次地获得该锁，而不像 Mutex 由于获取了锁，而在下一次获取锁时出现阻塞自己的情况。

ReentrantLock 虽然没能像 synchronized 关键字一样支持隐式的重进入，但是在调用 lock() 方法时，已经获取到锁的线程，能够再次调用 lock() 方法获取锁而不被阻塞。

这里提到一个锁获取的公平性问题，如果在绝对时间上，先对锁进行获取的请求一定先被满足，那么这个锁是公平的，反之，是不公平的。公平的获取锁，也就是等待时间最长的线程最优先获取锁，也可以说锁获取是顺序的。ReentrantLock 提供了一个构造函数，能够控制锁是否是公平的。

事实上，公平的锁机制往往没有非公平的效率高，但是，并不是任何场景都是以 TPS 作为唯一的指标，公平锁能够减少"饥饿"发生的概率，等待越久的请求越是能够得到优先满足。

下面将着重分析 ReentrantLock 是如何实现重进入和公平性获取锁的特性，并通过测试来验证公平性获取锁对性能的影响。

1. 实现重进入

重进入是指任意线程在获取到锁之后能够再次获取该锁而不会被锁所阻塞，该特性的实现需要解决以下两个问题。

1）**线程再次获取锁**。锁需要去识别获取锁的线程是否为当前占据锁的线程，如果是，则再次成功获取。

2）**锁的最终释放**。线程重复 n 次获取了锁，随后在第 n 次释放该锁后，其他线程能够获取到该锁。锁的最终释放要求锁对于获取进行计数自增，计数表示当前锁被重复获取的次数，而锁被释放时，计数自减，当计数等于 0 时表示锁已经成功释放。

ReentrantLock 是通过组合自定义同步器来实现锁的获取与释放，以非公平性（默认的）实现为例，获取同步状态的代码如代码清单 5-12 所示。

代码清单 5-12　ReentrantLock 的 nonfairTryAcquire 方法

```
final boolean nonfairTryAcquire(int acquires) {
    final Thread current = Thread.currentThread();
    int c = getState();
    if (c == 0) {
        if (compareAndSetState(0, acquires)) {
            setExclusiveOwnerThread(current);
            return true;
        }
    } else if (current == getExclusiveOwnerThread()) {
        int nextc = c + acquires;
        if (nextc < 0)
            throw new Error("Maximum lock count exceeded");
        setState(nextc);
        return true;
    }
    return false;
}
```

该方法增加了再次获取同步状态的处理逻辑：通过判断当前线程是否为获取锁的线程来决定获取操作是否成功，如果是获取锁的线程再次请求，则将同步状态值进行增加并返回 true，表示获取同步状态成功。

成功获取锁的线程再次获取锁，只是增加了同步状态值，这也就要求 ReentrantLock 在释放同步状态时减少同步状态值，该方法的代码如代码清单 5-13 所示。

代码清单 5-13　ReentrantLock 的 tryRelease 方法

```
protected final boolean tryRelease(int releases) {
    int c = getState() - releases;
    if (Thread.currentThread() != getExclusiveOwnerThread())
        throw new IllegalMonitorStateException();
    boolean free = false;
    if (c == 0) {
        free = true;
        setExclusiveOwnerThread(null);
    }
    setState(c);
    return free;
}
```

如果该锁被获取了 n 次，那么前 (n-1) 次 tryRelease(int releases) 方法必须返回 false，而只有同步状态完全释放了，才能返回 true。可以看到，该方法将同步状态是否为 0 作为最终释放的条件，当同步状态为 0 时，将占有线程设置为 null，并返回 true，表示释放成功。

2. 公平与非公平获取锁的区别

公平性与否是针对获取锁而言的，如果一个锁是公平的，那么锁的获取顺序就应该符合请求的绝对时间顺序，也就是 FIFO。

回顾上一小节中介绍的 nonfairTryAcquire(int acquires) 方法，对于非公平锁，只要 CAS 设置同步状态成功，则表示当前线程获取了锁，而公平锁则不同，如代码清单 5-14 所示。

代码清单 5-14　ReentrantLock 的 tryAcquire 方法

```
protected final boolean tryAcquire(int acquires) {
    final Thread current = Thread.currentThread();
    int c = getState();
    if (c == 0) {
        if (!hasQueuedPredecessors() && compareAndSetState(0, acquires)) {
            setExclusiveOwnerThread(current);
            return true;
        }
    } else if (current == getExclusiveOwnerThread()) {
        int nextc = c + acquires;
        if (nextc < 0)
            throw new Error("Maximum lock count exceeded");
        setState(nextc);
        return true;
    }
    return false;
}
```

该方法与 nonfairTryAcquire(int acquires) 比较，唯一不同的位置为判断条件多了 hasQueuedPredecessors() 方法，即加入了同步队列中当前节点是否有前驱节点的判断，如果该方法返回 true，则表示有线程比当前线程更早地请求获取锁，因此需要等待前驱线程获取并释放锁之后才能继续获取锁。

下面编写一个测试来观察公平和非公平锁在获取锁时的区别，在测试用例中定义了内部类 ReentrantLock2，该类主要公开了 getQueuedThreads() 方法，该方法返回正在等待获取锁的线程列表，由于列表是逆序输出，为了方便观察结果，将其进行反转，测试用例（部分）如代码清单 5-15 所示。

代码清单 5-15　FairAndUnfairTest.java

```
public class FairAndUnfairTest {
    private static Lock     fairLock      = new ReentrantLock2(true);
    private static Lock     unfairLock    = new ReentrantLock2(false);
    @Test
    public void fair() {
        testLock(fairLock);
    }
    @Test
    public void unfair() {
        testLock(unfairLock);
    }
    private void testLock(Lock lock) {
```

```
        // 启动 5 个 Job（略）
    }
    private static class Job extends Thread {
        private Lock    lock;
        public Job(Lock lock) {
            this.lock = lock;
        }
        public void run() {
            // 连续 2 次打印当前的 Thread 和等待队列中的 Thread（略）
        }
    }
    private static class ReentrantLock2 extends ReentrantLock {
        public ReentrantLock2(boolean fair) {
            super(fair);
        }
        public Collection<Thread> getQueuedThreads() {
            List<Thread> arrayList = new ArrayList<Thread>(super.
            getQueuedThreads());
            Collections.reverse(arrayList);
            return arrayList;
        }
    }
}
```

分别运行 fair() 和 unfair() 两个测试方法，输出结果如表 5-6 所示。

表 5-6　fair() 和 unfair() 两个测试方法的输出结果

Fair（公平性锁）	Unfair（非公平性锁）
Lock by [4], Waiting by [0]	Lock by [4], Waiting by [0, 1, 2, 3]
Lock by [0], Waiting by [1, 2, 3, 4]	Lock by [4], Waiting by [0, 1, 2, 3]
Lock by [1], Waiting by [2, 3, 4, 0]	Lock by [0], Waiting by [1, 2, 3]
Lock by [2], Waiting by [3, 4, 0, 1]	Lock by [0], Waiting by [1, 2, 3]
Lock by [3], Waiting by [4, 0, 1, 2]	Lock by [1], Waiting by [2, 3]
Lock by [4], Waiting by [0, 1, 2, 3]	Lock by [1], Waiting by [2, 3]
Lock by [0], Waiting by [1, 2, 3]	Lock by [2], Waiting by [3]
Lock by [1], Waiting by [2, 3]	Lock by [2], Waiting by [3]
Lock by [2], Waiting by [3]	Lock by [3], Waiting by []
Lock by [3], Waiting by []	Lock by [3], Waiting by []

观察表 5-6 所示的结果（其中每个数字代表一个线程），公平性锁每次都是从同步队列中的第一个节点获取到锁，而非公平性锁出现了一个线程连续获取锁的情况。

为什么会出现线程连续获取锁的情况呢？回顾 nonfairTryAcquire(int acquires) 方法，当一个线程请求锁时，只要获取了同步状态即成功获取锁。在这个前提下，刚释放锁的线程再次获取同步状态的几率会非常大，使得其他线程只能在同步队列中等待。

非公平性锁可能使线程"饥饿",为什么它又被设定成默认的实现呢?再次观察上表的结果,如果把每次不同线程获取到锁定义为 1 次切换,公平性锁在测试中进行了 10 次切换,而非公平性锁只有 5 次切换,这说明非公平性锁的开销更小。下面运行测试用例(测试环境:ubuntu server 14.04 i5-3470 8GB,测试场景:10 个线程,每个线程获取 100 000 次锁),通过vmstat 统计测试运行时系统线程上下文切换的次数,运行结果如表 5-7 所示。

表 5-7　公平性和非公平性在系统线程上下文切换方面的对比

对比项	Fair(公平性锁)	Unfair(非公平性锁)
	187	159
	40 163	330
	350 577	14 390
	348 637	159
切换次数(每秒间隔)	349 682	
	349 994	
	354 223	
	211 737	
	183	
总共耗时(单位:毫秒)	5 754	61

在测试中公平性锁与非公平性锁相比,总耗时是其 94.3 倍,总切换次数是其 133 倍。可以看出,公平性锁保证了锁的获取按照 FIFO 原则,而代价是进行大量的线程切换。非公平性锁虽然可能造成线程"饥饿",但极少的线程切换,保证了其更大的吞吐量。

5.4　读写锁

之前提到锁(如 Mutex 和 ReentrantLock)基本都是排他锁,这些锁在同一时刻只允许一个线程进行访问,而读写锁在同一时刻可以允许多个读线程访问,但是在写线程访问时,所有的读线程和其他写线程均被阻塞。读写锁维护了一对锁,一个读锁和一个写锁,通过分离读锁和写锁,使得并发性相比一般的排他锁有了很大提升。

除了保证写操作对读操作的可见性以及并发性的提升之外,读写锁能够简化读写交互场景的编程方式。假设在程序中定义一个共享的用作缓存数据结构,它大部分时间提供读服务(例如查询和搜索),而写操作占有的时间很少,但是写操作完成之后的更新需要对后续的读服务可见。

在没有读写锁支持的(Java 5 之前)时候,如果需要完成上述工作就要使用 Java 的等待通知机制,就是当写操作开始时,所有晚于写操作的读操作均会进入等待状态,只有写操作完成并进行通知之后,所有等待的读操作才能继续执行(写操作之间依靠 synchronized 关键进行同步),这样做的目的是使读操作能读取到正确的数据,不会出现脏读。改用读写锁实现上述功能，只需要在读操作时获取读锁，写操作时获取写锁即可。当写锁被获取到时，后续（非当前写操作线程）的读写操作都会被阻塞，写锁释放之后，所有操作继续执行，编程方式相对于使用等待通知机制的实现方式而言，变得简单明了。

　　一般情况下，读写锁的性能都会比排它锁好，因为大多数场景读是多于写的。在读多于写的情况下，读写锁能够提供比排它锁更好的并发性和吞吐量。Java 并发包提供读写锁的实现是 ReentrantReadWriteLock，它提供的特性如表 5-8 所示。

表 5-8　ReentrantReadWriteLock 的特性

特　　性	说　　明
公平性选择	支持非公平（默认）和公平的锁获取方式，吞吐量还是非公平优于公平
重进入	该锁支持重进入，以读写线程为例：读线程在获取了读锁之后，能够再次获取读锁。而写线程在获取了写锁之后能够再次获取写锁，同时也可以获取读锁
锁降级	遵循获取写锁、获取读锁再释放写锁的次序，写锁能够降级成为读锁

5.4.1　读写锁的接口与示例

　　ReadWriteLock 仅定义了获取读锁和写锁的两个方法，即 readLock() 方法和 writeLock() 方法，而其实现——ReentrantReadWriteLock，除了接口方法之外，还提供了一些便于外界监控其内部工作状态的方法，这些方法以及描述如表 5-9 所示。

表 5-9　ReentrantReadWriteLock 展示内部工作状态的方法

方法名称	描　　述
int getReadLockCount()	返回当前读锁被获取的次数。该次数不等于获取读锁的线程数，例如，仅一个线程，它连续获取（重进入）了 n 次读锁，那么占据读锁的线程数是 1，但该方法返回 n
int getReadHoldCount()	返回当前线程获取读锁的次数。该方法在 Java 6 中加入到 ReentrantReadWriteLock 中，使用 ThreadLocal 保存当前线程获取的次数，这也使得 Java 6 的实现变得更加复杂
boolean isWriteLocked()	判断写锁是否被获取
int getWriteHoldCount()	返回当前写锁被获取的次数

　　接下来，通过一个缓存示例说明读写锁的使用方式，示例代码如代码清单 5-16 所示。

代码清单 5-16　Cache.java

```
public class Cache {
    static Map<String, Object> map = new HashMap<String, Object>();
    static ReentrantReadWriteLock rwl = new ReentrantReadWriteLock();
    static Lock r = rwl.readLock();
    static Lock w = rwl.writeLock();
    // 获取一个 key 对应的 value
    public static final Object get(String key) {
            r.lock();
            try {
                    return map.get(key);
```

```
        } finally {
                r.unlock();
        }
}
// 设置 key 对应的 value, 并返回旧的 value
public static final Object put(String key, Object value) {
        w.lock();
        try {
                return map.put(key, value);
        } finally {
                w.unlock();
        }
}
// 清空所有的内容
public static final void clear() {
        w.lock();
        try {
                map.clear();
        } finally {
                w.unlock();
        }
}
}
```

上述示例中，Cache 组合一个非线程安全的 HashMap 作为缓存的实现，同时使用读写锁的读锁和写锁来保证 Cache 是线程安全的。在读操作 get(String key) 方法中，需要获取读锁，这使得并发访问该方法时不会被阻塞。写操作 put(String key, Object value) 方法和 clear() 方法，在更新 HashMap 时必须提前获取写锁，当获取写锁后，其他线程对于读锁和写锁的获取均被阻塞，而只有写锁被释放之后，其他读写操作才能继续。Cache 使用读写锁提升读操作的并发性，也保证每次写操作对所有的读写操作的可见性，同时简化了编程方式。

5.4.2 读写锁的实现分析

接下来分析 ReentrantReadWriteLock 的实现，主要包括：读写状态的设计、写锁的获取与释放、读锁的获取与释放以及锁降级（以下没有特别说明读写锁均可认为是 ReentrantReadWriteLock）。

1. 读写状态的设计

读写锁同样依赖自定义同步器来实现同步功能，而读写状态就是其同步器的同步状态。回想 ReentrantLock 中自定义同步器的实现，同步状态表示锁被一个线程重复获取的次数，而读写锁的自定义同步器需要在同步状态（一个整型变量）上维护多个读线程和一个写线程的状态，使得该状态的设计成为读写锁实现的关键。

如果在一个整型变量上维护多种状态，就一定需要"按位切割使用"这个变量，读写锁将变量切分成了两个部分，高 16 位表示读，低 16 位表示写，划分方式如图 5-8 所示

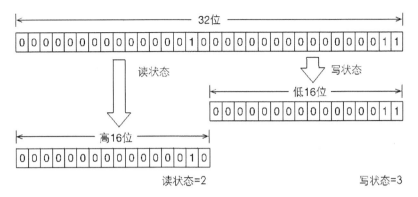

图 5-8　读写锁状态的划分方式

当前同步状态表示一个线程已经获取了写锁，且重进入了两次，同时也连续获取了两次读锁。读写锁是如何迅速确定读和写各自的状态呢？答案是通过位运算。假设当前同步状态值为 S，写状态等于 S & 0x0000FFFF（将高 16 位全部抹去），读状态等于 S>>>16（无符号补 0 右移 16 位）。当写状态增加 1 时，等于 S+1，当读状态增加 1 时，等于 S+(1<<16)，也就是 S+0x00010000。

根据状态的划分能得出一个推论：S 不等于 0 时，当写状态（S & 0x0000FFFF）等于 0 时，则读状态（S>>>16）大于 0，即读锁已被获取。

2. 写锁的获取与释放

写锁是一个支持重进入的排它锁。如果当前线程已经获取了写锁，则增加写状态。如果当前线程在获取写锁时，读锁已经被获取（读状态不为 0）或者该线程不是已经获取写锁的线程，则当前线程进入等待状态，获取写锁的代码如代码清单 5-17 所示。

代码清单 5-17　ReentrantReadWriteLock 的 tryAcquire 方法

```
protected final boolean tryAcquire(int acquires) {
    Thread current = Thread.currentThread();
    int c = getState();
    int w = exclusiveCount(c);
    if (c != 0) {
        // 存在读锁或者当前获取线程不是已经获取写锁的线程
        if (w == 0 || current != getExclusiveOwnerThread())
            return false;
        if (w + exclusiveCount(acquires) > MAX_COUNT)
            throw new Error("Maximum lock count exceeded");
        setState(c + acquires);
        return true;
    }
    if (writerShouldBlock() || !compareAndSetState(c, c + acquires)) {
        return false;
    }
```

```
        setExclusiveOwnerThread(current);
        return true;
    }
```

该方法除了重入条件（当前线程为获取了写锁的线程）之外，增加了一个读锁是否存在的判断。如果存在读锁，则写锁不能被获取，原因在于：读写锁要确保写锁的操作对读锁可见，如果允许读锁在已被获取的情况下对写锁的获取，那么正在运行的其他读线程就无法感知到当前写线程的操作。因此，只有等待其他读线程都释放了读锁，写锁才能被当前线程获取，而写锁一旦被获取，则其他读写线程的后续访问均被阻塞。

写锁的释放与 ReentrantLock 的释放过程基本类似，每次释放均减少写状态，当写状态为 0 时表示写锁已被释放，从而等待的读写线程能够继续访问读写锁，同时前次写线程的修改对后续读写线程可见。

3. 读锁的获取与释放

读锁是一个支持重进入的共享锁，它能够被多个线程同时获取，在没有其他写线程访问（或者写状态为 0）时，读锁总会被成功地获取，而所做的也只是（线程安全的）增加读状态。如果当前线程已经获取了读锁，则增加读状态。如果当前线程在获取读锁时，写锁已被其他线程获取，则进入等待状态。获取读锁的实现从 Java 5 到 Java 6 变得复杂许多，主要原因是新增了一些功能，例如 getReadHoldCount() 方法，作用是返回当前线程获取读锁的次数。读状态是所有线程获取读锁次数的总和，而每个线程各自获取读锁的次数只能选择保存在 ThreadLocal 中，由线程自身维护，这使获取读锁的实现变得复杂。因此，这里将获取读锁的代码做了删减，保留必要的部分，如代码清单 5-18 所示。

代码清单 5-18　ReentrantReadWriteLock 的 tryAcquireShared 方法

```
protected final int tryAcquireShared(int unused) {
    for (;;) {
            int c = getState();
            int nextc = c + (1 << 16);
            if (nextc < c)
                    throw new Error("Maximum lock count exceeded");
            if (exclusiveCount(c) != 0 && owner != Thread.currentThread())
                    return -1;
            if (compareAndSetState(c, nextc))
                    return 1;
    }
}
```

在 tryAcquireShared(int unused) 方法中，如果其他线程已经获取了写锁，则当前线程获取读锁失败，进入等待状态。如果当前线程获取了写锁或者写锁未被获取，则当前线程（线程安全，依靠 CAS 保证）增加读状态，成功获取读锁。

读锁的每次释放（线程安全的，可能有多个读线程同时释放读锁）均减少读状态，减少的值是 (1<<16)。

4. 锁降级

锁降级指的是写锁降级成为读锁。如果当前线程拥有写锁，然后将其释放，最后再获取读锁，这种分段完成的过程不能称之为锁降级。锁降级是指把持住（当前拥有的）写锁，再获取到读锁，随后释放（先前拥有的）写锁的过程。

接下来看一个锁降级的示例。因为数据不常变化，所以多个线程可以并发地进行数据处理，当数据变更后，如果当前线程感知到数据变化，则进行数据的准备工作，同时其他处理线程被阻塞，直到当前线程完成数据的准备工作，如代码清单 5-19 所示。

代码清单 5-19　processData 方法

```
public void processData() {
    readLock.lock();
    if (!update) {
            // 必须先释放读锁
            readLock.unlock();
            // 锁降级从写锁获取到开始
            writeLock.lock();
            try {
                    if (!update) {
                            // 准备数据的流程（略）
                            update = true;
                    }
                    readLock.lock();
            } finally {
                    writeLock.unlock();
            }
            // 锁降级完成，写锁降级为读锁
    }
    try {
            // 使用数据的流程（略）
    } finally {
            readLock.unlock();
    }
}
```

上述示例中，当数据发生变更后，update 变量（布尔类型且 volatile 修饰）被设置为 false，此时所有访问 processData() 方法的线程都能够感知到变化，但只有一个线程能够获取到写锁，其他线程会被阻塞在读锁和写锁的 lock() 方法上。当前线程获取写锁完成数据准备之后，再获取读锁，随后释放写锁，完成锁降级。

锁降级中读锁的获取是否必要呢？答案是必要的。主要是为了保证数据的可见性，如果当前线程不获取读锁而是直接释放写锁，假设此刻另一个线程（记作线程 T）获取了写锁并修改了数据，那么当前线程无法感知线程 T 的数据更新。如果当前线程获取读锁，即遵循锁降级的步骤，则线程 T 将会被阻塞，直到当前线程使用数据并释放读锁之后，线程 T 才能获取写锁进行数据更新。

RentrantReadWriteLock 不支持锁升级（把持读锁、获取写锁，最后释放读锁的过程）。目的也是保证数据可见性，如果读锁已被多个线程获取，其中任意线程成功获取了写锁并更新了数据，则其更新对其他获取到读锁的线程是不可见的。

5.5 LockSupport 工具

回顾 5.2 节，当需要阻塞或唤醒一个线程的时候，都会使用 LockSupport 工具类来完成相应工作。LockSupport 定义了一组的公共静态方法，这些方法提供了最基本的线程阻塞和唤醒功能，而 LockSupport 也成为构建同步组件的基础工具。

LockSupport 定义了一组以 park 开头的方法用来阻塞当前线程，以及 unpark(Thread thread) 方法来唤醒一个被阻塞的线程。Park 有停车的意思，假设线程为车辆，那么 park 方法代表着停车，而 unpark 方法则是指车辆启动离开，这些方法以及描述如表 5-10 所示。

表 5-10　LockSupport 提供的阻塞和唤醒方法

方法名称	描　　述
void park()	阻塞当前线程，如果调用 unpark(Thread thread) 方法或者当前线程被中断，才能从 park() 方法返回
void parkNanos(long nanos)	阻塞当前线程，最长不超过 nanos 纳秒，返回条件在 park() 的基础上增加了超时返回
void parkUntil(long deadline)	阻塞当前线程，直到 deadline 时间（从 1970 年开始到 deadline 时间的毫秒数）
void unpark(Thread thread)	唤醒处于阻塞状态的线程 thread

在 Java 6 中，LockSupport 增加了 park(Object blocker)、parkNanos(Object blocker, long nanos) 和 parkUntil(Object blocker, long deadline)3 个方法，用于实现阻塞当前线程的功能，其中参数 blocker 是用来标识当前线程在等待的对象（以下称为阻塞对象），该对象主要用于问题排查和系统监控。

下面的示例中，将对比 parkNanos(long nanos) 方法和 parkNanos(Object blocker, long nanos) 方法来展示阻塞对象 blocker 的用处，代码片段和线程 dump（部分）如表 5-11 所示。

从表 5-11 的线程 dump 结果可以看出，代码片段的内容都是阻塞当前线程 10 秒，但从线程 dump 结果可以看出，有阻塞对象的 parkNanos 方法能够传递给开发人员更多的现场信息。这是由于在 Java 5 之前，当线程阻塞（使用 synchronized 关键字）在一个对象上时，通过线程 dump 能够查看到该线程的阻塞对象，方便问题定位，而 Java 5 推出的 Lock 等并发工具时却遗漏了这一点，致使在线程 dump 时无法提供阻塞对象的信息。因此，在 Java 6 中，LockSupport 新增了上述 3 个含有阻塞对象的 park 方法，用以替代原有的 park 方法。

表 5-11　Blocker 在线程 dump 中的作用

方法 对比项	parkNanos(long nanos)	parkNanos(Object blocker, long nanos)
代码片段	LockSupport.parkNanos(TimeUnit. SECONDS.toNanos(10));	LockSupport.parkNanos(this, TimeUnit. SECONDS.toNanos(10));
线程 dump 结果	"main" prio=5 tid= 0x00007fe773000800 nid= 0x1303 waiting on condition [0x000000010bb85000] java.lang.Thread.State: TIMED_WAITING (parking) at sun.misc.Unsafe. park(Native Method) at java.util.concurrent. locks.LockSupport. parkNanos(LockSupport.java:349)	"main" prio=5 tid=0x00007fd248805800 nid=0x1303 waiting on condition [0x000000010d75f000] java.lang.Thread.State: TIMED_WAITING (parking) at sun.misc.Unsafe.park(Native Method) - parking to wait for <0x00000007d593ec98> (a com.murdock.books.multithread.book. LockSupportTest) at java.util.concurrent.locks.LockSupport. parkNanos(LockSupport.java:226)

5.6　Condition 接口

任意一个 Java 对象，都拥有一组监视器方法（定义在 java.lang.Object 上），主要包括 wait()、wait(long timeout)、notify() 以及 notifyAll() 方法，这些方法与 synchronized 同步关键字配合，可以实现等待 / 通知模式。Condition 接口也提供了类似 Object 的监视器方法，与 Lock 配合可以实现等待 / 通知模式，但是这两者在使用方式以及功能特性上还是有差别的。

通过对比 Object 的监视器方法和 Condition 接口，可以更详细地了解 Condition 的特性，对比项与结果如表 5-12 所示。

表 5-12　Object 的监视器方法与 Condition 接口的对比

对比项	Object Monitor Methods	Condition
前置条件	获取对象的锁	调用 Lock.lock() 获取锁 调用 Lock.newCondition() 获取 Condition 对象
调用方式	直接调用 如：object.wait()	直接调用 如：condition.await()
等待队列个数	一个	多个
当前线程释放锁并进入等待状态	支持	支持
当前线程释放锁并进入等待状态，在等待状态中不响应中断	不支持	支持
当前线程释放锁并进入超时等待状态	支持	支持
当前线程释放锁并进入等待状态到将来的某个时间	不支持	支持
唤醒等待队列中的一个线程	支持	支持
唤醒等待队列中的全部线程	支持	支持

5.6.1　Condition 接口与示例

Condition 定义了等待/通知两种类型的方法，当前线程调用这些方法时，需要提前获取到 Condition 对象关联的锁。Condition 对象是由 Lock 对象（调用 Lock 对象的 newCondition() 方法）创建出来的，换句话说，Condition 是依赖 Lock 对象的。

Condition 的使用方式比较简单，需要注意在调用方法前获取锁，使用方式如代码清单 5-20 所示。

代码清单 5-20　ConditionUseCase.java

```
Lock lock = new ReentrantLock();
Condition condition = lock.newCondition();

public void conditionWait() throws InterruptedException {
    lock.lock();
    try {
            condition.await();
    } finally {
            lock.unlock();
    }
}

public void conditionSignal() throws InterruptedException {
    lock.lock();
    try {
            condition.signal();
    } finally {
            lock.unlock();
    }
}
```

如示例所示，一般都会将 Condition 对象作为成员变量。当调用 await() 方法后，当前线程会释放锁并在此等待，而其他线程调用 Condition 对象的 signal() 方法，通知当前线程后，当前线程才从 await() 方法返回，并且在返回前已经获取了锁。

Condition 定义的（部分）方法以及描述如表 5-13 所示。

表 5-13　Condition 的（部分）方法以及描述

方法名称	描　　述
void await() throws Interru-ptedException	当前线程进入等待状态直到被通知（signal）或中断，当前线程将进入运行状态且从 await() 方法返回的情况，包括： 其他线程调用该 Condition 的 signal() 或 signalAll() 方法，而当前线程被选中唤醒 ❏ 其他线程（调用 interrupt() 方法）中断当前线程 ❏ 如果当前等待线程从 await() 方法返回，那么表明该线程已经获取了 Condition 对象所对应的锁

（续）

方法名称	描　述
void awaitUninterruptibly()	当前线程进入等待状态直到被通知，从方法名称上可以看出该方法对中断不敏感
long awaitNanos(long nanos-Timeout) throws Interrupted-Exception	当前线程进入等待状态直到被通知、中断或者超时。返回值表示剩余的时间，如果在 nanosTimeout 纳秒之前被唤醒，那么返回值就是 (nanosTimeout– 实际耗时)。如果返回值是 0 或者负数，那么可以认定已经超时了
boolean awaitUntil(Date deadline) throws Interru-ptedException	当前线程进入等待状态直到被通知、中断或者到某个时间。如果没有到指定时间就被通知，方法返回 true，否则，表示到了指定时间，方法返回 false
void signal()	唤醒一个等待在 Condition 上的线程，该线程从等待方法返回前必须获得与 Condition 相关联的锁
void signalAll()	唤醒所有等待在 Condition 上的线程，能够从等待方法返回的线程必须获得与 Condition 相关联的锁

获取一个 Condition 必须通过 Lock 的 newCondition() 方法。下面通过一个有界队列的示例来深入了解 Condition 的使用方式。有界队列是一种特殊的队列，当队列为空时，队列的获取操作将会阻塞获取线程，直到队列中有新增元素，当队列已满时，队列的插入操作将会阻塞插入线程，直到队列出现"空位"，如代码清单 5-21 所示。

代码清单 5-21　BoundedQueue.java

```java
public class BoundedQueue<T> {
    private Object[]    items;
    // 添加的下标,删除的下标和数组当前数量
    private int addIndex, removeIndex, count;
    private Lock lock      = new ReentrantLock();
    private Condition    notEmpty = lock.newCondition();
    private Condition    notFull = lock.newCondition();

    public BoundedQueue(int size) {
            items = new Object[size];
    }
    // 添加一个元素,如果数组满,则添加线程进入等待状态,直到有 " 空位 "
    public void add(T t) throws InterruptedException {
            lock.lock();
            try {
                    while (count == items.length)
                            notFull.await();
                    items[addIndex] = t;
                    if (++addIndex == items.length)
                            addIndex = 0;
                    ++count;
                    notEmpty.signal();
            } finally {
                    lock.unlock();
            }
    }
}
```

```
// 由头部删除一个元素，如果数组空，则删除线程进入等待状态，直到有新添加元素
@SuppressWarnings("unchecked")
public T remove() throws InterruptedException {
        lock.lock();
        try {
                while (count == 0)
                        notEmpty.await();
                Object x = items[removeIndex];
                if (++removeIndex == items.length)
                        removeIndex = 0;
                --count;
                notFull.signal();
                return (T) x;
        } finally {
                lock.unlock();
        }
    }
}
```

上述示例中，BoundedQueue 通过 add(T t) 方法添加一个元素，通过 remove() 方法移出一个元素。以添加方法为例。

首先需要获得锁，目的是确保数组修改的可见性和排他性。当数组数量等于数组长度时，表示数组已满，则调用 notFull.await()，当前线程随之释放锁并进入等待状态。如果数组数量不等于数组长度，表示数组未满，则添加元素到数组中，同时通知等待在 notEmpty 上的线程，数组中已经有新元素可以获取。

在添加和删除方法中使用 while 循环而非 if 判断，目的是防止过早或意外的通知，只有条件符合才能够退出循环。回想之前提到的等待 / 通知的经典范式，二者是非常类似的。

5.6.2　Condition 的实现分析

ConditionObject 是同步器 AbstractQueuedSynchronizer 的内部类，因为 Condition 的操作需要获取相关联的锁，所以作为同步器的内部类也较为合理。每个 Condition 对象都包含着一个队列（以下称为等待队列），该队列是 Condition 对象实现等待 / 通知功能的关键。

下面将分析 Condition 的实现，主要包括：等待队列、等待和通知，下面提到的 Condition 如果不加说明均指的是 ConditionObject。

1. 等待队列

等待队列是一个 FIFO 的队列，在队列中的每个节点都包含了一个线程引用，该线程就是在 Condition 对象上等待的线程，如果一个线程调用了 Condition.await() 方法，那么该线程将会释放锁、构造成节点加入等待队列并进入等待状态。事实上，节点的定义复用了同步器中节点的定义，也就是说，同步队列和等待队列中节点类型都是同步器的静态内部类 AbstractQueuedSynchronizer.Node。

一个 Condition 包含一个等待队列，Condition 拥有首节点（firstWaiter）和尾节点（lastWaiter）。当前线程调用 Condition.await() 方法，将会以当前线程构造节点，并将节点从尾部加入等待队列，等待队列的基本结构如图 5-9 所示

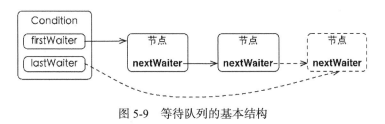

图 5-9　等待队列的基本结构

如图所示，Condition 拥有首尾节点的引用，而新增节点只需要将原有的尾节点nextWaiter 指向它，并且更新尾节点即可。上述节点引用更新的过程并没有使用 CAS 保证，原因在于调用 await() 方法的线程必定是获取了锁的线程，也就是说该过程是由锁来保证线程安全的。

在 Object 的监视器模型上，一个对象拥有一个同步队列和等待队列，而并发包中的Lock（更确切地说是同步器）拥有一个同步队列和多个等待队列，其对应关系如图 5-10所示

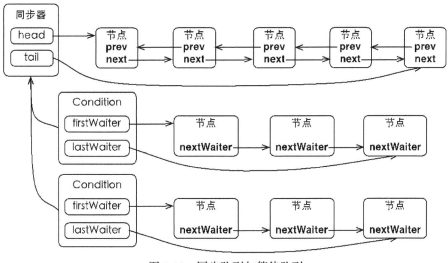

图 5-10　同步队列与等待队列

如图所示，Condition 的实现是同步器的内部类，因此每个 Condition 实例都能够访问同步器提供的方法，相当于每个 Condition 都拥有所属同步器的引用。

2. 等待

调用 Condition 的 await() 方法（或者以 await 开头的方法），会使当前线程进入等待队

列并释放锁，同时线程状态变为等待状态。当从 await() 方法返回时，当前线程一定获取了 Condition 相关联的锁。

如果从队列（同步队列和等待队列）的角度看 await() 方法，当调用 await() 方法时，相当于同步队列的首节点（获取了锁的节点）移动到 Condition 的等待队列中。

Condition 的 await() 方法，如代码清单 5-22 所示。

代码清单 5-22　ConditionObject 的 await 方法

```
public final void await() throws InterruptedException {
    if (Thread.interrupted())
            throw new InterruptedException();
    // 当前线程加入等待队列
    Node node = addConditionWaiter();
    // 释放同步状态，也就是释放锁
    int savedState = fullyRelease(node);
    int interruptMode = 0;
    while (!isOnSyncQueue(node)) {
            LockSupport.park(this);
            if ((interruptMode = checkInterruptWhileWaiting(node)) != 0)
                    break;
    }
    if (acquireQueued(node, savedState) && interruptMode != THROW_IE)
            interruptMode = REINTERRUPT;
    if (node.nextWaiter != null)
            unlinkCancelledWaiters();
    if (interruptMode != 0)
            reportInterruptAfterWait(interruptMode);
}
```

调用该方法的线程成功获取了锁的线程，也就是同步队列中的首节点，该方法会将当前线程构造成节点并加入等待队列中，然后释放同步状态，唤醒同步队列中的后继节点，然后当前线程会进入等待状态。

当等待队列中的节点被唤醒，则唤醒节点的线程开始尝试获取同步状态。如果不是通过其他线程调用 Condition.signal() 方法唤醒，而是对等待线程进行中断，则会抛出 InterruptedException。

如果从队列的角度去看，当前线程加入 Condition 的等待队列，该过程如图 5-11 示。

如图所示，同步队列的首节点并不会直接加入等待队列，而是通过 addConditionWaiter() 方法把当前线程构造成一个新的节点并将其加入等待队列中。

3. 通知

调用 Condition 的 signal() 方法，将会唤醒在等待队列中等待时间最长的节点（首节点），在唤醒节点之前，会将节点移到同步队列中。

Condition 的 signal() 方法，如代码清单 5-23 所示。

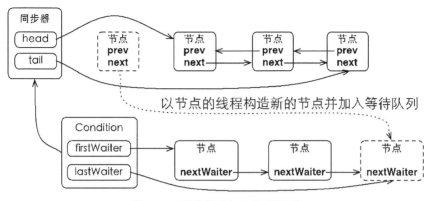

图 5-11　当前线程加入等待队列

代码清单 5-23　ConditionObject 的 signal 方法

```
public final void signal() {
    if (!isHeldExclusively())
            throw new IllegalMonitorStateException();
    Node first = firstWaiter;
    if (first != null)
            doSignal(first);
}
```

调用该方法的前置条件是当前线程必须获取了锁，可以看到 signal() 方法进行了 isHeldExclusively() 检查，也就是当前线程必须是获取了锁的线程。接着获取等待队列的首节点，将其移动到同步队列并使用 LockSupport 唤醒节点中的线程。

节点从等待队列移动到同步队列的过程如图 5-12 所示。

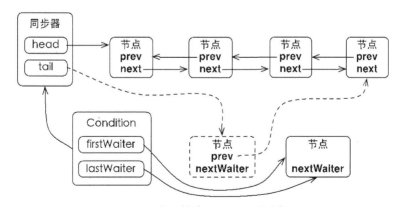

图 5-12　节点从等待队列移动到同步队列

通过调用同步器的 enq (Node node) 方法，等待队列中的头节点线程安全地移动到同步队列。当节点移动到同步队列后，当前线程再使用 LockSupport 唤醒该节点的线程。

被唤醒后的线程，将从 await() 方法中的 while 循环中退出（isOnSyncQueue (Node node) 方法返回 true，节点已经在同步队列中），进而调用同步器的 acquireQueued() 方法加入到获取同步状态的竞争中。

成功获取同步状态（或者说锁）之后，被唤醒的线程将从先前调用的 await() 方法返回，此时该线程已经成功地获取了锁。

Condition 的 signalAll() 方法，相当于对等待队列中的每个节点均执行一次 signal() 方法，效果就是将等待队列中所有节点全部移动到同步队列中，并唤醒每个节点的线程。

5.7 本章小结

本章介绍了 Java 并发包中与锁相关的 API 和组件，通过示例讲述了这些 API 和组件的使用方式以及需要注意的地方，并在此基础上详细地剖析了队列同步器、重入锁、读写锁以及 Condition 等 API 和组件的实现细节，只有理解这些 API 和组件的实现细节才能够更加准确地运用它们。

第 6 章 *Chapter 6*

Java 并发容器和框架

Java 程序员进行并发编程时，相比于其他语言的程序员而言要倍感幸福，因为并发编程大师 Doug Lea 不遗余力地为 Java 开发者提供了非常多的并发容器和框架。本章让我们一起来见识一下大师操刀编写的并发容器和框架，并通过每节的原理分析一起来学习如何设计出精妙的并发程序。

6.1　ConcurrentHashMap 的实现原理与使用

ConcurrentHashMap 是线程安全且高效的 HashMap。本节让我们一起研究一下该容器是如何在保证线程安全的同时又能保证高效的操作。

6.1.1　为什么要使用 ConcurrentHashMap

在并发编程中使用 HashMap 可能导致程序死循环。而使用线程安全的 HashTable 效率又非常低下，基于以上两个原因，便有了 ConcurrentHashMap 的登场机会。

（1）线程不安全的 HashMap

在多线程环境下，使用 HashMap 进行 put 操作会引起死循环，导致 CPU 利用率接近 100%，所以在并发情况下不能使用 HashMap。例如，执行以下代码会引起死循环。

```java
final HashMap<String, String> map = new HashMap<String, String>(2);
        Thread t = new Thread(new Runnable() {
            @Override
            public void run() {
                for (int i = 0; i < 10000; i++) {
```

```
                    new Thread(new Runnable() {
                        @Override
                        public void run() {
                            map.put(UUID.randomUUID().toString(), "");
                        }
                    }, "ftf" + i).start();
                }
            }
        }, "ftf");
        t.start();
        t.join();
```

HashMap 在并发执行 put 操作时会引起死循环，是因为多线程会导致 HashMap 的 Entry 链表形成环形数据结构，一旦形成环形数据结构，Entry 的 next 节点永远不为空，就会产生死循环获取 Entry。

（2）效率低下的 HashTable

HashTable 容器使用 synchronized 来保证线程安全，但在线程竞争激烈的情况下 HashTable 的效率非常低下。因为当一个线程访问 HashTable 的同步方法，其他线程也访问 HashTable 的同步方法时，会进入阻塞或轮询状态。如线程 1 使用 put 进行元素添加，线程 2 不但不能使用 put 方法添加元素，也不能使用 get 方法来获取元素，所以竞争越激烈效率越低。

（3）ConcurrentHashMap 的锁分段技术可有效提升并发访问率

HashTable 容器在竞争激烈的并发环境下表现出效率低下的原因是所有访问 HashTable 的线程都必须竞争同一把锁，假如容器里有多把锁，每一把锁用于锁容器其中一部分数据，那么当多线程访问容器里不同数据段的数据时，线程间就不会存在锁竞争，从而可以有效提高并发访问效率，这就是 ConcurrentHashMap 所使用的锁分段技术。首先将数据分成一段一段地存储，然后给每一段数据配一把锁，当一个线程占用锁访问其中一个段数据的时候，其他段的数据也能被其他线程访问。

6.1.2　ConcurrentHashMap 的结构

通过 ConcurrentHashMap 的类图来分析 ConcurrentHashMap 的结构，如图 6-1 所示。

ConcurrentHashMap 是由 Segment 数组结构和 HashEntry 数组结构组成。Segment 是一种可重入锁（ReentrantLock），在 ConcurrentHashMap 里扮演锁的角色；HashEntry 则用于存储键值对数据。一个 ConcurrentHashMap 里包含一个 Segment 数组。Segment 的结构和 HashMap 类似，是一种数组和链表结构。一个 Segment 里包含一个 HashEntry 数组，每个 HashEntry 是一个链表结构的元素，每个 Segment 守护着一个 HashEntry 数组里的元素，当对 HashEntry 数组的数据进行修改时，必须首先获得与它对应的 Segment 锁，如图 6-2 所示。

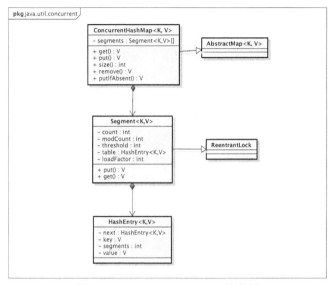

图 6-1　ConcurrentHashMap 的类图

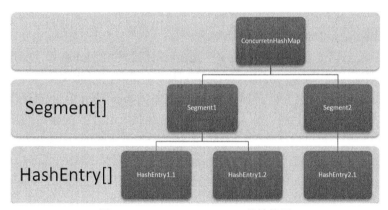

图 6-2　ConcurrentHashMap 的结构图

6.1.3　ConcurrentHashMap 的初始化

ConcurrentHashMap 初始化方法是通过 initialCapacity、loadFactor 和 concurrencyLevel 等几个参数来初始化 segment 数组、段偏移量 segmentShift、段掩码 segmentMask 和每个 segment 里的 HashEntry 数组来实现的。

1. 初始化 segments 数组

让我们来看一下初始化 segments 数组的源代码。

```
if (concurrencyLevel > MAX_SEGMENTS)
        concurrencyLevel = MAX_SEGMENTS;

    int sshift = 0;
```

```
        int ssize = 1;
        while (ssize < concurrencyLevel) {
            ++sshift;
            ssize <<= 1;
        }
        segmentShift = 32 - sshift;
        segmentMask = ssize - 1;
        this.segments = Segment.newArray(ssize);
```

由上面的代码可知，segments 数组的长度 ssize 是通过 concurrencyLevel 计算得出的。为了能通过按位与的散列算法来定位 segments 数组的索引，必须保证 segments 数组的长度是 2 的 N 次方（power-of-two size），所以必须计算出一个大于或等于 concurrencyLevel 的最小的 2 的 N 次方值来作为 segments 数组的长度。假如 concurrencyLevel 等于 14、15 或 16，ssize 都会等于 16，即容器里锁的个数也是 16。

 注意 concurrencyLevel 的最大值是 65535，这意味着 segments 数组的长度最大为 65536，对应的二进制是 16 位。

---

2. 初始化 segmentShift 和 segmentMask

这两个全局变量需要在定位 segment 时的散列算法里使用，sshift 等于 ssize 从 1 向左移位的次数，在默认情况下 concurrencyLevel 等于 16，1 需要向左移位移动 4 次，所以 sshift 等于 4。segmentShift 用于定位参与散列运算的位数，segmentShift 等于 32 减 sshift，所以等于 28，这里之所以用 32 是因为 ConcurrentHashMap 里的 hash() 方法输出的最大数是 32 位的，后面的测试中我们可以看到这点。segmentMask 是散列运算的掩码，等于 ssize 减 1，即 15，掩码的二进制各个位的值都是 1。因为 ssize 的最大长度是 65536，所以 segmentShift 最大值是 16，segmentMask 最大值是 65535，对应的二进制是 16 位，每个位都是 1。

3. 初始化每个 segment

输入参数 initialCapacity 是 ConcurrentHashMap 的初始化容量，loadfactor 是每个 segment 的负载因子，在构造方法里需要通过这两个参数来初始化数组中的每个 segment。

```
if (initialCapacity > MAXIMUM_CAPACITY)
        initialCapacity = MAXIMUM_CAPACITY;
    int c = initialCapacity / ssize;
    if (c * ssize < initialCapacity)
        ++c;
    int cap = 1;
    while (cap < c)
        cap <<= 1;
    for (int i = 0; i < this.segments.length; ++i)
        this.segments[i] = new Segment<K,V>(cap, loadFactor);
```

上面代码中的变量 cap 就是 segment 里 HashEntry 数组的长度，它等于 initialCapacity 除

以 ssize 的倍数 c，如果 c 大于 1，就会取大于等于 c 的 2 的 N 次方值，所以 cap 不是 1，就是 2 的 N 次方。segment 的容量 threshold ＝（int）cap*loadFactor，默认情况下 initialCapacity 等于 16，loadfactor 等于 0.75，通过运算 cap 等于 1，threshold 等于零。

6.1.4　定位 Segment

既然 ConcurrentHashMap 使用分段锁 Segment 来保护不同段的数据，那么在插入和获取元素的时候，必须先通过散列算法定位到 Segment。可以看到 ConcurrentHashMap 会首先使用 Wang/Jenkins hash 的变种算法对元素的 hashCode 进行一次再散列。

```
private static int hash(int h) {
        h += (h << 15) ^ 0xffffcd7d;
        h ^= (h >>> 10);
        h += (h << 3);
        h ^= (h >>> 6);
        h += (h << 2) + (h << 14);
        return h ^ (h >>> 16);
    }
```

之所以进行再散列，目的是减少散列冲突，使元素能够均匀地分布在不同的 Segment 上，从而提高容器的存取效率。假如散列的质量差到极点，那么所有的元素都在一个 Segment 中，不仅存取元素缓慢，分段锁也会失去意义。笔者做了一个测试，不通过再散列而直接执行散列计算。

```
System.out.println(Integer.parseInt("0001111", 2) & 15);
System.out.println(Integer.parseInt("0011111", 2) & 15);
System.out.println(Integer.parseInt("0111111", 2) & 15);
System.out.println(Integer.parseInt("1111111", 2) & 15);
```

计算后输出的散列值全是 15，通过这个例子可以发现，如果不进行再散列，散列冲突会非常严重，因为只要低位一样，无论高位是什么数，其散列值总是一样。我们再把上面的二进制数据进行再散列后结果如下（为了方便阅读，不足 32 位的高位补了 0，每隔 4 位用竖线分割下）。

```
0100 | 0111 | 0110 | 0111 | 1101 | 1010 | 0100 | 1110
1111 | 0111 | 0100 | 0011 | 0000 | 0001 | 1011 | 1000
0111 | 0111 | 0110 | 1001 | 0100 | 0110 | 0011 | 1110
1000 | 0011 | 0000 | 0000 | 1100 | 1000 | 0001 | 1010
```

可以发现，每一位的数据都散列开了，通过这种再散列能让数字的每一位都参加到散列运算当中，从而减少散列冲突。ConcurrentHashMap 通过以下散列算法定位 segment。

```
final Segment<K,V> segmentFor(int hash) {
        return segments[(hash >>> segmentShift) & segmentMask];
    }
```

默认情况下 segmentShift 为 28，segmentMask 为 15，再散列后的数最大是 32 位二进制数据，向右无符号移动 28 位，意思是让高 4 位参与到散列运算中，(hash >>> segmentShift) & segmentMask 的运算结果分别是 4、15、7 和 8，可以看到散列值没有发生冲突。

6.1.5　ConcurrentHashMap 的操作

本节介绍 ConcurrentHashMap 的 3 种操作——get 操作、put 操作和 size 操作。

1. get 操作

Segment 的 get 操作实现非常简单和高效。先经过一次再散列，然后使用这个散列值通过散列运算定位到 Segment，再通过散列算法定位到元素，代码如下。

```
public V get(Object key) {
        int hash = hash(key.hashCode());
        return segmentFor(hash).get(key, hash);
    }
```

get 操作的高效之处在于整个 get 过程不需要加锁，除非读到的值是空才会加锁重读。我们知道 HashTable 容器的 get 方法是需要加锁的，那么 ConcurrentHashMap 的 get 操作是如何做到不加锁的呢？原因是它的 get 方法里将要使用的共享变量都定义成 volatile 类型，如用于统计当前 Segement 大小的 count 字段和用于存储值的 HashEntry 的 value。定义成 volatile 的变量，能够在线程之间保持可见性，能够被多线程同时读，并且保证不会读到过期的值，但是只能被单线程写（有一种情况可以被多线程写，就是写入的值不依赖于原值），在 get 操作里只需要读不需要写共享变量 count 和 value，所以可以不用加锁。之所以不会读到过期的值，是因为根据 Java 内存模型的 happen before 原则，对 volatile 字段的写入操作先于读操作，即使两个线程同时修改和获取 volatile 变量，get 操作也能拿到最新的值，这是用 volatile 替换锁的经典应用场景。

```
transient volatile int count;
volatile V value;
```

在定位元素的代码里我们可以发现，定位 HashEntry 和定位 Segment 的散列算法虽然一样，都与数组的长度减去 1 再相"与"，但是相"与"的值不一样，定位 Segment 使用的是元素的 hashcode 通过再散列后得到的值的高位，而定位 HashEntry 直接使用的是再散列后的值。其目的是避免两次散列后的值一样，虽然元素在 Segment 里散列开了，但是却没有在 HashEntry 里散列开。

```
hash >>> segmentShift) & segmentMask     // 定位 Segment 所使用的 hash 算法
int index = hash & (tab.length - 1);     // 定位 HashEntry 所使用的 hash 算法
```

2. put 操作

由于 put 方法里需要对共享变量进行写入操作，所以为了线程安全，在操作共享变量时必须加锁。put 方法首先定位到 Segment，然后在 Segment 里进行插入操作。插入操作需要经历两个步骤，第一步判断是否需要对 Segment 里的 HashEntry 数组进行扩容，第二步定位添加元素的位置，然后将其放在 HashEntry 数组里。

（1）是否需要扩容

在插入元素前会先判断 Segment 里的 HashEntry 数组是否超过容量（threshold），如果超过阈值，则对数组进行扩容。值得一提的是，Segment 的扩容判断比 HashMap 更恰当，因为 HashMap 是在插入元素后判断元素是否已经到达容量的，如果到达了就进行扩容，但是很有可能扩容之后没有新元素插入，这时 HashMap 就进行了一次无效的扩容。

（2）如何扩容

在扩容的时候，首先会创建一个容量是原来容量两倍的数组，然后将原数组里的元素进行再散列后插入到新的数组里。为了高效，ConcurrentHashMap 不会对整个容器进行扩容，而只对某个 segment 进行扩容。

3. size 操作

如果要统计整个 ConcurrentHashMap 里元素的大小，就必须统计所有 Segment 里元素的大小后求和。Segment 里的全局变量 count 是一个 volatile 变量，那么在多线程场景下，是不是直接把所有 Segment 的 count 相加就可以得到整个 ConcurrentHashMap 大小了呢？不是的，虽然相加时可以获取每个 Segment 的 count 的最新值，但是可能累加前使用的 count 发生了变化，那么统计结果就不准了。所以，最安全的做法是在统计 size 的时候把所有 Segment 的 put、remove 和 clean 方法全部锁住，但是这种做法显然非常低效。

因为在累加 count 操作过程中，之前累加过的 count 发生变化的几率非常小，所以 ConcurrentHashMap 的做法是先尝试 2 次通过不锁住 Segment 的方式来统计各个 Segment 大小，如果统计的过程中，容器的 count 发生了变化，则再采用加锁的方式来统计所有 Segment 的大小。

那么 ConcurrentHashMap 是如何判断在统计的时候容器是否发生了变化呢？使用 modCount 变量，在 put、remove 和 clean 方法里操作元素前都会将变量 modCount 进行加 1，那么在统计 size 前后比较 modCount 是否发生变化，从而得知容器的大小是否发生变化。

6.2 ConcurrentLinkedQueue

在并发编程中，有时候需要使用线程安全的队列。如果要实现一个线程安全的队列有两种方式：一种是使用阻塞算法，另一种是使用非阻塞算法。使用阻塞算法的队列可以用一个锁（入队和出队用同一把锁）或两个锁（入队和出队用不同的锁）等方式来实现。非阻塞的实现方式则可以使用循环 CAS 的方式来实现。本节让我们一起来研究一下 Doug Lea 是如何使用非阻塞的方式来实现线程安全队列 ConcurrentLinkedQueue 的，相信从大师身上我们能学到不少并发编程的技巧。

ConcurrentLinkedQueue 是一个基于链接节点的无界线程安全队列，它采用先进先出的规则对节点进行排序，当我们添加一个元素的时候，它会添加到队列的尾部；当我们获取一个元素时，它会返回队列头部的元素。它采用了"wait-free"算法（即 CAS 算法）来实现，该算法在 Michael & Scott 算法上进行了一些修改。

6.2.1　ConcurrentLinkedQueue 的结构

通过 ConcurrentLinkedQueue 的类图来分析一下它的结构，如图 6-3 所示。

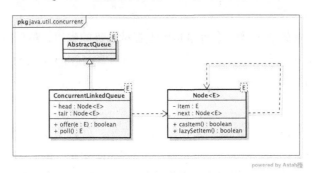

图 6-3　ConcurrentLinkedQueue 的类图

ConcurrentLinkedQueue 由 head 节点和 tail 节点组成，每个节点（Node）由节点元素（item）和指向下一个节点（next）的引用组成，节点与节点之间就是通过这个 next 关联起来，从而组成一张链表结构的队列。默认情况下 head 节点存储的元素为空，tail 节点等于 head 节点。

```
private transient volatile Node<E> tail = head;
```

6.2.2　入队列

本节将介绍入队列的相关知识。

1. 入队列的过程

入队列就是将入队节点添加到队列的尾部。为了方便理解入队时队列的变化，以及 head 节点和 tail 节点的变化，这里以一个示例来展开介绍。假设我们想在一个队列中依次插入 4 个节点，为了帮助大家理解，每添加一个节点就做了一个队列的快照图，如图 6-4 所示。

图 6-4 所示的过程如下。

❑ 添加元素 1。队列更新 head 节点的 next 节点为元素 1 节点。又因为 tail 节点默认情况下等于 head 节点，所以它们的 next 节点都指向元素 1 节点。

❑ 添加元素 2。队列首先设置元素 1 节点的 next 节点为元素 2 节点，然后更新 tail 节点指向元素 2 节点。

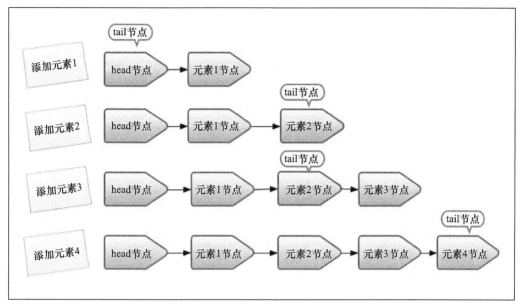

图 6-4　队列添加元素的快照图

❑ 添加元素 3，设置 tail 节点的 next 节点为元素 3 节点。

❑ 添加元素 4，设置元素 3 的 next 节点为元素 4 节点，然后将 tail 节点指向元素 4
节点。

通过调试入队过程并观察 head 节点和 tail 节点的变化，发现入队主要做两件事情：第一
是将入队节点设置成当前队列尾节点的下一个节点；第二是更新 tail 节点，如果 tail 节点的
next 节点不为空，则将入队节点设置成 tail 节点，如果 tail 节点的 next 节点为空，则将入队
节点设置成 tail 的 next 节点，所以 tail 节点不总是尾节点（理解这一点对于我们研究源码会
非常有帮助）。

通过对上面的分析，我们从单线程入队的角度理解了入队过程，但是多个线程同时进行
入队的情况就变得更加复杂了，因为可能会出现其他线程插队的情况。如果有一个线程正在
入队，那么它必须先获取尾节点，然后设置尾节点的下一个节点为入队节点，但这时可能有
另外一个线程插队了，那么队列的尾节点就会发生变化，这时当前线程要暂停入队操作，然
后重新获取尾节点。让我们再通过源码来详细分析一下它是如何使用 CAS 算法来入队的。

```
public boolean offer(E e) {
    if (e == null) throw new NullPointerException();
    // 入队前，创建一个入队节点
    Node<E> n = new Node<E>(e);
    retry:
    // 死循环，入队不成功反复入队。
    for (;;) {
        // 创建一个指向 tail 节点的引用
```

```
            Node<E> t = tail;
            //p用来表示队列的尾节点，默认情况下等于tail节点。
            Node<E> p = t;
            for (int hops = 0; ; hops++) {
            //获得p节点的下一个节点。
                Node<E> next = succ(p);
        //next节点不为空，说明p不是尾节点，需要更新p后在将它指向next节点
                if (next != null) {
                    //循环了两次及其以上，并且当前节点还是不等于尾节点
                    if (hops > HOPS && t != tail)
                        continue retry;
                    p = next;
                }
                //如果p是尾节点，则设置p节点的next节点为入队节点。
                else if (p.casNext(null, n)) {
                    /* 如果tail节点有大于等于1个next节点，则将入队节点设置成tail节点，
                       更新失败了也没关系，因为失败了表示有其他线程成功更新了tail节点 */
if (hops >= HOPS)
                        casTail(t, n); // 更新tail节点，允许失败
                    return true
                //p有next节点，表示p的next节点是尾节点，则重新设置p节点
                else {
                    p = succ(p);
                }
            }
        }
    }
```

从源代码角度来看，整个入队过程主要做两件事情：第一是定位出尾节点；第二是使用 CAS 算法将入队节点设置成尾节点的 next 节点，如不成功则重试。

2. 定位尾节点

tail 节点并不总是尾节点，所以每次入队都必须先通过 tail 节点来找到尾节点。尾节点可能是 tail 节点，也可能是 tail 节点的 next 节点。代码中循环体中的第一个 if 就是判断 tail 是否有 next 节点，有则表示 next 节点可能是尾节点。获取 tail 节点的 next 节点需要注意的是 p 节点等于 p 的 next 节点的情况，只有一种可能就是 p 节点和 p 的 next 节点都等于空，表示这个队列刚初始化，正准备添加节点，所以需要返回 head 节点。获取 p 节点的 next 节点代码如下。

```
final Node<E> succ(Node<E> p) {
        Node<E> next = p.getNext();
        return (p == next) ? head : next;
    }
```

3. 设置入队节点为尾节点

p.casNext（null，n）方法用于将入队节点设置为当前队列尾节点的 next 节点，如果 p 是

null，表示 p 是当前队列的尾节点，如果不为 null，表示有其他线程更新了尾节点，则需要重新获取当前队列的尾节点。

4. HOPS 的设计意图

上面分析过对于先进先出的队列入队所要做的事情是将入队节点设置成尾节点，doug lea 写的代码和逻辑还是稍微有点复杂。那么，我用以下方式来实现是否可行？

```
public boolean offer(E e) {
        if (e == null)
                        throw new NullPointerException();
                Node<E> n = new Node<E>(e);
                for (;;) {
                        Node<E> t = tail;
                        if (t.casNext(null, n) && casTail(t, n)) {
                                return true;
                        }
                }
        }
```

让 tail 节点永远作为队列的尾节点，这样实现代码量非常少，而且逻辑清晰和易懂。但是，这么做有个缺点，每次都需要使用循环 CAS 更新 tail 节点。如果能减少 CAS 更新 tail 节点的次数，就能提高入队的效率，所以 doug lea 使用 hops 变量来控制并减少 tail 节点的更新频率，并不是每次节点入队后都将 tail 节点更新成尾节点，而是当 tail 节点和尾节点的距离大于等于常量 HOPS 的值（默认等于 1）时才更新 tail 节点，tail 和尾节点的距离越长，使用 CAS 更新 tail 节点的次数就会越少，但是距离越长带来的负面效果就是每次入队时定位尾节点的时间就越长，因为循环体需要多循环一次来定位出尾节点，但是这样仍然能提高入队的效率，因为从本质上来看它通过增加对 volatile 变量的读操作来减少对 volatile 变量的写操作，而对 volatile 变量的写操作开销要远远大于读操作，所以入队效率会有所提升。

```
private static final int HOPS = 1;
```

 注意　入队方法永远返回 true，所以不要通过返回值判断入队是否成功。

6.2.3　出队列

出队列的就是从队列里返回一个节点元素，并清空该节点对元素的引用。让我们通过每个节点出队的快照来观察一下 head 节点的变化，如图 6-5 所示。

从图中可知，并不是每次出队时都更新 head 节点，当 head 节点里有元素时，直接弹出 head 节点里的元素，而不会更新 head 节点。只有当 head 节点里没有元素时，出队操作才会更新 head 节点。这种做法也是通过 hops 变量来减少使用 CAS 更新 head 节点的消耗，从而提高出队效率。让我们再通过源码来深入分析下出队过程。

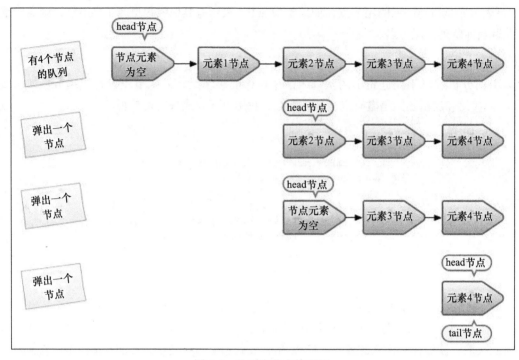

图 6-5　队列出节点快照图

```java
public E poll() {
        Node<E> h = head;
    // p 表示头节点，需要出队的节点
        Node<E> p = h;
        for (int hops = 0;; hops++) {
                // 获取 p 节点的元素
                E item = p.getItem();
                // 如果 p 节点的元素不为空，使用 CAS 设置 p 节点引用的元素为 null，
                // 如果成功则返回 p 节点的元素。
                if (item != null && p.casItem(item, null)) {
                        if (hops >= HOPS) {
                                // 将 p 节点下一个节点设置成 head 节点
                                Node<E> q = p.getNext();
                                updateHead(h, (q != null) ? q : p);
                        }
                        return item;
                }
                // 如果头节点的元素为空或头节点发生了变化，这说明头节点已经被另外
                // 一个线程修改了。那么获取 p 节点的下一个节点
                Node<E> next = succ(p);
                // 如果 p 的下一个节点也为空，说明这个队列已经空了
                if (next == null) {
    // 更新头节点。
                        updateHead(h, p);
```

```
                                break;
                        }
                        // 如果下一个元素不为空，则将头节点的下一个节点设置成头节点
                        p = next;
                }
                return null;
        }
```

首先获取头节点的元素，然后判断头节点元素是否为空，如果为空，表示另外一个线程已经进行了一次出队操作将该节点的元素取走，如果不为空，则使用 CAS 的方式将头节点的引用设置成 null，如果 CAS 成功，则直接返回头节点的元素，如果不成功，表示另外一个线程已经进行了一次出队操作更新了 head 节点，导致元素发生了变化，需要重新获取头节点。

6.3 Java 中的阻塞队列

本节将介绍什么是阻塞队列，以及 Java 中阻塞队列的 4 种处理方式，并介绍 Java 7 中提供的 7 种阻塞队列，最后分析阻塞队列的一种实现方式。

6.3.1 什么是阻塞队列

阻塞队列（BlockingQueue）是一个支持两个附加操作的队列。这两个附加的操作支持阻塞的插入和移除方法。

1）支持阻塞的插入方法：意思是当队列满时，队列会阻塞插入元素的线程，直到队列不满。

2）支持阻塞的移除方法：意思是在队列为空时，获取元素的线程会等待队列变为非空。

阻塞队列常用于生产者和消费者的场景，生产者是向队列里添加元素的线程，消费者是从队列里取元素的线程。阻塞队列就是生产者用来存放元素、消费者用来获取元素的容器。

在阻塞队列不可用时，这两个附加操作提供了 4 种处理方式，如表 6-1 所示。

表 6-1 插入和移除操作的 4 中处理方式

方法 / 处理方式	抛出异常	返回特殊值	一直阻塞	超时退出
插入方法	add（e）	offer（e）	put（e）	offer（e，time，unit）
移除方法	remove()	poll()	take()	poll（time，unit）
检查方法	element()	peek()	不可用	不可用

❑ 抛出异常：当队列满时，如果再往队列里插入元素，会抛出 IllegalStateException（"Queue full"）异常。当队列空时，从队列里获取元素会抛出 NoSuchElementException 异常。

❑ 返回特殊值：当往队列插入元素时，会返回元素是否插入成功，成功返回 true。如果

是移除方法，则是从队列里取出一个元素，如果没有则返回 null。

❑ 一直阻塞：当阻塞队列满时，如果生产者线程往队列里 put 元素，队列会一直阻塞生产者线程，直到队列可用或者响应中断退出。当队列空时，如果消费者线程从队列里 take 元素，队列会阻塞住消费者线程，直到队列不为空。

❑ 超时退出：当阻塞队列满时，如果生产者线程往队列里插入元素，队列会阻塞生产者线程一段时间，如果超过了指定的时间，生产者线程就会退出。

这两个附加操作的 4 种处理方式不方便记忆，所以我找了一下这几个方法的规律。put 和 take 分别尾首含有字母 t，offer 和 poll 都含有字母 o。

注意　如果是无界阻塞队列，队列不可能会出现满的情况，所以使用 put 或 offer 方法永远不会被阻塞，而且使用 offer 方法时，该方法永远返回 true。

6.3.2　Java 里的阻塞队列

JDK 7 提供了 7 个阻塞队列，如下。

❑ ArrayBlockingQueue：一个由数组结构组成的有界阻塞队列。

❑ LinkedBlockingQueue：一个由链表结构组成的无界阻塞队列。

❑ PriorityBlockingQueue：一个支持优先级排序的无界阻塞队列。

❑ DelayQueue：一个使用优先级队列实现的无界阻塞队列。

❑ SynchronousQueue：一个不存储元素的阻塞队列。

❑ LinkedTransferQueue：一个由链表结构组成的无界阻塞队列。

❑ LinkedBlockingDeque：一个由链表结构组成的双向阻塞队列。

1. ArrayBlockingQueue

ArrayBlockingQueue 是一个用数组实现的有界阻塞队列。此队列按照先进先出（FIFO）的原则对元素进行排序。

默认情况下不保证线程公平的访问队列，所谓公平访问队列是指阻塞的线程，可以按照阻塞的先后顺序访问队列，即先阻塞线程先访问队列。非公平性是对先等待的线程是非公平的，当队列可用时，阻塞的线程都可以争夺访问队列的资格，有可能先阻塞的线程最后才访问队列。为了保证公平性，通常会降低吞吐量。我们可以使用以下代码创建一个公平的阻塞队列。

```
ArrayBlockingQueue fairQueue = new  ArrayBlockingQueue(1000,true);
```

访问者的公平性是使用可重入锁实现的，代码如下。

```
public ArrayBlockingQueue(int capacity, boolean fair) {
        if (capacity <= 0)
```

```
        throw new IllegalArgumentException();
    this.items = new Object[capacity];
    lock = new ReentrantLock(fair);
    notEmpty = lock.newCondition();
    notFull =  lock.newCondition();
}
```

2. LinkedBlockingQueue

LinkedBlockingQueue 是一个用链表实现的有界阻塞队列。此队列的默认和最大长度为 Integer.MAX_VALUE。此队列按照先进先出的原则对元素进行排序。

3.PriorityBlockingQueue

PriorityBlockingQueue 是一个支持优先级的无界阻塞队列。默认情况下元素采取自然顺序升序排列。也可以自定义类实现 compareTo() 方法来指定元素排序规则，或者初始化 PriorityBlockingQueue 时，指定构造参数 Comparator 来对元素进行排序。需要注意的是不能保证同优先级元素的顺序。

4. DelayQueue

DelayQueue 是一个支持延时获取元素的无界阻塞队列。队列使用 PriorityQueue 来实现。队列中的元素必须实现 Delayed 接口，在创建元素时可以指定多久才能从队列中获取当前元素。只有在延迟期满时才能从队列中提取元素。

DelayQueue 非常有用，可以将 DelayQueue 运用在以下应用场景。

❑ 缓存系统的设计：可以用 DelayQueue 保存缓存元素的有效期，使用一个线程循环查询 DelayQueue，一旦能从 DelayQueue 中获取元素时，表示缓存有效期到了。

❑ 定时任务调度：使用 DelayQueue 保存当天将会执行的任务和执行时间，一旦从 DelayQueue 中获取到任务就开始执行，比如 TimerQueue 就是使用 DelayQueue 实现的。

（1）如何实现 Delayed 接口

DelayQueue 队列的元素必须实现 Delayed 接口。我们可以参考 ScheduledThreadPoolExecutor 里 ScheduledFutureTask 类的实现，一共有三步。

第一步：在对象创建的时候，初始化基本数据。使用 time 记录当前对象延迟到什么时候可以使用，使用 sequenceNumber 来标识元素在队列中的先后顺序。代码如下。

```
private static final AtomicLong sequencer = new AtomicLong(0);

ScheduledFutureTask(Runnable r, V result, long ns, long period) {
ScheduledFutureTask(Runnable r, V result, long ns, long period) {
        super(r, result);
        this.time = ns;
        this.period = period;
        this.sequenceNumber = sequencer.getAndIncrement();
}
```

第二步：实现 getDelay 方法，该方法返回当前元素还需要延时多长时间，单位是纳秒，代码如下。

```
public long getDelay(TimeUnit unit) {
        return unit.convert(time - now(), TimeUnit.NANOSECONDS);
    }
```

通过构造函数可以看出延迟时间参数 ns 的单位是纳秒，自己设计的时候最好使用纳秒，因为实现 getDelay() 方法时可以指定任意单位，一旦以秒或分作为单位，而延时时间又精确不到纳秒就麻烦了。使用时请注意当 time 小于当前时间时，getDelay 会返回负数。

第三步：实现 compareTo 方法来指定元素的顺序。例如，让延时时间最长的放在队列的末尾。实现代码如下。

```
public int compareTo(Delayed other) {
        if (other == this)   // compare zero ONLY if same object
            return 0;
        if (other instanceof ScheduledFutureTask) {
            ScheduledFutureTask<?> x = (ScheduledFutureTask<?>)other;
            long diff = time - x.time;
            if (diff < 0)
                return -1;
            else if (diff > 0)
                return 1;
            else if (sequenceNumber < x.sequenceNumber)
                return -1;
            else
                return 1;
        }
        long d = (getDelay(TimeUnit.NANOSECONDS) -
                    other.getDelay(TimeUnit.NANOSECONDS));
        return (d == 0) ? 0 : ((d < 0) ? -1 : 1);
    }
```

（2）如何实现延时阻塞队列

延时阻塞队列的实现很简单，当消费者从队列里获取元素时，如果元素没有达到延时时间，就阻塞当前线程。

```
long delay = first.getDelay(TimeUnit.NANOSECONDS);
if (delay <= 0)
    return q.poll();
else if (leader != null)
        available.await();
else {
    Thread thisThread = Thread.currentThread();
leader = thisThread;
        try {
                available.awaitNanos(delay);
            } finally {
```

```
            if (leader == thisThread)
                leader = null;
        }
    }
```

代码中的变量 leader 是一个等待获取队列头部元素的线程。如果 leader 不等于空，表示已经有线程在等待获取队列的头元素。所以，使用 await() 方法让当前线程等待信号。如果 leader 等于空，则把当前线程设置成 leader，并使用 awaitNanos() 方法让当前线程等待接收信号或等待 delay 时间。

5. SynchronousQueue

SynchronousQueue 是一个不存储元素的阻塞队列。每一个 put 操作必须等待一个 take 操作，否则不能继续添加元素。

它支持公平访问队列。默认情况下线程采用非公平性策略访问队列。使用以下构造方法可以创建公平性访问的 SynchronousQueue，如果设置为 true，则等待的线程会采用先进先出的顺序访问队列。

```
public SynchronousQueue(boolean fair) {
    transferer = fair ? new TransferQueue() : new TransferStack();
}
```

SynchronousQueue 可以看成是一个传球手，负责把生产者线程处理的数据直接传递给消费者线程。队列本身并不存储任何元素，非常适合传递性场景。SynchronousQueue 的吞吐量高于 LinkedBlockingQueue 和 ArrayBlockingQueue。

6. LinkedTransferQueue

LinkedTransferQueue 是一个由链表结构组成的无界阻塞 TransferQueue 队列。相对于其他阻塞队列，LinkedTransferQueue 多了 tryTransfer 和 transfer 方法。

（1）transfer 方法

如果当前有消费者正在等待接收元素（消费者使用 take() 方法或带时间限制的 poll() 方法时），transfer 方法可以把生产者传入的元素立刻 transfer（传输）给消费者。如果没有消费者在等待接收元素，transfer 方法会将元素存放在队列的 tail 节点，并等到该元素被消费者消费了才返回。transfer 方法的关键代码如下。

```
Node pred = tryAppend(s, haveData);
return awaitMatch(s, pred, e, (how == TIMED), nanos);
```

第一行代码是试图把存放当前元素的 s 节点作为 tail 节点。第二行代码是让 CPU 自旋等待消费者消费元素。因为自旋会消耗 CPU，所以自旋一定的次数后使用 Thread.yield() 方法来暂停当前正在执行的线程，并执行其他线程。

（2）tryTransfer 方法

tryTransfer 方法是用来试探生产者传入的元素是否能直接传给消费者。如果没有消费者等待接收元素，则返回 false。和 transfer 方法的区别是 tryTransfer 方法无论消费者是否接收，方法立即返回，而 transfer 方法是必须等到消费者消费了才返回。

对于带有时间限制的 tryTransfer（E e，long timeout，TimeUnit unit）方法，试图把生产者传入的元素直接传给消费者，但是如果没有消费者消费该元素则等待指定的时间再返回，如果超时还没消费元素，则返回 false，如果在超时时间内消费了元素，则返回 true。

7. LinkedBlockingDeque

LinkedBlockingDeque 是一个由链表结构组成的双向阻塞队列。所谓双向队列指的是可以从队列的两端插入和移出元素。双向队列因为多了一个操作队列的入口，在多线程同时入队时，也就减少了一半的竞争。相比其他的阻塞队列，LinkedBlockingDeque 多了 addFirst、addLast、offerFirst、offerLast、peekFirst 和 peekLast 等方法，以 First 单词结尾的方法，表示插入、获取（peek）或移除双端队列的第一个元素。以 Last 单词结尾的方法，表示插入、获取或移除双端队列的最后一个元素。另外，插入方法 add 等同于 addLast，移除方法 remove 等效于 removeFirst。但是 take 方法却等同于 takeFirst，不知道是不是 JDK 的 bug，使用时还是用带有 First 和 Last 后缀的方法更清楚。

在初始化 LinkedBlockingDeque 时可以设置容量防止其过度膨胀。另外，双向阻塞队列可以运用在"工作窃取"模式中。

6.3.3　阻塞队列的实现原理

如果队列是空的，消费者会一直等待，当生产者添加元素时，消费者是如何知道当前队列有元素的呢？如果让你来设计阻塞队列你会如何设计，如何让生产者和消费者进行高效率的通信呢？让我们先来看看 JDK 是如何实现的。

使用通知模式实现。所谓通知模式，就是当生产者往满的队列里添加元素时会阻塞住生产者，当消费者消费了一个队列中的元素后，会通知生产者当前队列可用。通过查看 JDK 源码发现 ArrayBlockingQueue 使用了 Condition 来实现，代码如下。

```
private final Condition notFull;
private final Condition notEmpty;

public ArrayBlockingQueue(int capacity, boolean fair) {
    // 省略其他代码
    notEmpty = lock.newCondition();
    notFull =  lock.newCondition();
}

public void put(E e) throws InterruptedException {
    checkNotNull(e);
    final ReentrantLock lock = this.lock;
    lock.lockInterruptibly();
    try {
        while (count == items.length)
```

```
                    notFull.await();
                insert(e);
            } finally {
                lock.unlock();
            }
        }

    public E take() throws InterruptedException {
            final ReentrantLock lock = this.lock;
            lock.lockInterruptibly();
            try {
                while (count == 0)
                    notEmpty.await();
                return extract();
            } finally {
                lock.unlock();
            }
        }

    private void insert(E x) {
            items[putIndex] = x;
            putIndex = inc(putIndex);
            ++count;
            notEmpty.signal();
        }
```

当往队列里插入一个元素时，如果队列不可用，那么阻塞生产者主要通过 LockSupport. park（this）来实现。

```
    public final void await() throws InterruptedException {
            if (Thread.interrupted())
                throw new InterruptedException();
            Node node = addConditionWaiter();
            int savedState = fullyRelease(node);
            int interruptMode = 0;
            while (!isOnSyncQueue(node)) {
                LockSupport.park(this);
                if ((interruptMode = checkInterruptWhileWaiting(node)) != 0)
                    break;
            }
            if (acquireQueued(node, savedState) && interruptMode != THROW_IE)
                interruptMode = REINTERRUPT;
            if (node.nextWaiter != null) // clean up if cancelled
                unlinkCancelledWaiters();
            if (interruptMode != 0)
                reportInterruptAfterWait(interruptMode);
        }
```

继续进入源码，发现调用 setBlocker 先保存一下将要阻塞的线程，然后调用 unsafe.park

阻塞当前线程。

```java
public static void park(Object blocker) {
        Thread t = Thread.currentThread();
        setBlocker(t, blocker);
        unsafe.park(false, 0L);
        setBlocker(t, null);
    }
```

unsafe.park 是个 native 方法,代码如下。

```java
public native void park(boolean isAbsolute, long time);
```

park 这个方法会阻塞当前线程,只有以下 4 种情况中的一种发生时,该方法才会返回。

❑ 与 park 对应的 unpark 执行或已经执行时。"已经执行"是指 unpark 先执行,然后再执行 park 的情况。

❑ 线程被中断时。

❑ 等待完 time 参数指定的毫秒数时。

❑ 异常现象发生时,这个异常现象没有任何原因。

继续看一下 JVM 是如何实现 park 方法:park 在不同的操作系统中使用不同的方式实现,在 Linux 下使用的是系统方法 pthread_cond_wait 实现。实现代码在 JVM 源码路径 src/os/linux/vm/os_linux.cpp 里的 os::PlatformEvent::park 方法,代码如下。

```cpp
void os::PlatformEvent::park() {
    int v ;
            for (;;) {
                v = _Event ;
            if (Atomic::cmpxchg (v-1, &_Event, v) == v) break ;
            }
            guarantee (v >= 0, "invariant") ;
            if (v == 0) {
            // Do this the hard way by blocking ...
            int status = pthread_mutex_lock(_mutex);
            assert_status(status == 0, status, "mutex_lock");
            guarantee (_nParked == 0, "invariant") ;
            ++ _nParked ;
            while (_Event < 0) {
            status = pthread_cond_wait(_cond, _mutex);
            // for some reason, under 2.7 lwp_cond_wait() may return ETIME ...
            // Treat this the same as if the wait was interrupted
            if (status == ETIME) { status = EINTR; }
            assert_status(status == 0 || status == EINTR, status, "cond_wait");
            }
            -- _nParked ;

            // In theory we could move the ST of 0 into _Event past the unlock(),
```

```
            //but then we'd need a MEMBAR after the ST.
            _Event = 0 ;
            status = pthread_mutex_unlock(_mutex);
            assert_status(status == 0, status, "mutex_unlock");
            }
            guarantee (_Event >= 0, "invariant") ;
            }
    }
```

pthread_cond_wait 是一个多线程的条件变量函数，cond 是 condition 的缩写，字面意思可以理解为线程在等待一个条件发生，这个条件是一个全局变量。这个方法接收两个参数：一个共享变量 _cond，一个互斥量 _mutex。而 unpark 方法在 Linux 下是使用 pthread_cond_signal 实现的。park 方法在 Windows 下则是使用 WaitForSingleObject 实现的。想知道 pthread_cond_wait 是如何实现的，可以参考 glibc-2.5 的 nptl/sysdeps/pthread/pthread_cond_wait.c。

当线程被阻塞队列阻塞时，线程会进入 WAITING（parking）状态。我们可以使用 jstack dump 阻塞的生产者线程看到这点，如下。

```
"main" prio=5 tid=0x00007fc83c000000 nid=0x10164e000 waiting on condition [0x000000010164d000]
    java.lang.Thread.State: WAITING (parking)
        at sun.misc.Unsafe.park(Native Method)
        - parking to wait for  <0x0000000140559fe8> (a java.util.concurrent.locks.
    AbstractQueuedSynchronizer$ConditionObject)
        at java.util.concurrent.locks.LockSupport.park(LockSupport.java:186)
        at java.util.concurrent.locks.AbstractQueuedSynchronizer$ConditionObject.
    await(AbstractQueuedSynchronizer.java:2043)
        at java.util.concurrent.ArrayBlockingQueue.put(ArrayBlockingQueue.java:324)
        at blockingqueue.ArrayBlockingQueueTest.main(ArrayBlockingQueueTest.java:11)
```

6.4　Fork/Join 框架

本节将会介绍 Fork/Join 框架的基本原理、算法、设计方式、应用与实现等。

6.4.1　什么是 Fork/Join 框架

Fork/Join 框架是 Java 7 提供的一个用于并行执行任务的框架，是一个把大任务分割成若干个小任务，最终汇总每个小任务结果后得到大任务结果的框架。

我们再通过 Fork 和 Join 这两个单词来理解一下 Fork/Join 框架。Fork 就是把一个大任务切分为若干子任务并行的执行，Join 就是合并这些子任务的执行结果，最后得到这个大任务的结果。比如计算 1+2+…+10 000，可以分割成 10 个子任务，每个子任务分别对 1000 个数进行求和，最终汇总这 10 个子任务的结果。Fork/Join 的运行流程如图 6-6 所示。

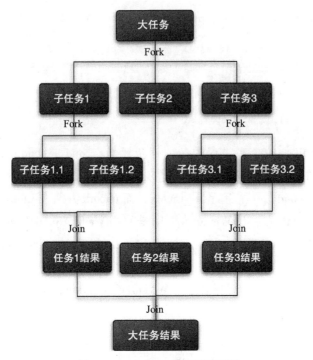

图 6-6　Fork Join 的运行流程图

6.4.2　工作窃取算法

工作窃取（work-stealing）算法是指某个线程从其他队列里窃取任务来执行。那么，为什么需要使用工作窃取算法呢？假如我们需要做一个比较大的任务，可以把这个任务分割为若干互不依赖的子任务，为了减少线程间的竞争，把这些子任务分别放到不同的队列里，并为每个队列创建一个单独的线程来执行队列里的任务，线程和队列一一对应。比如 A 线程负责处理 A 队列里的任务。但是，有的线程会先把自己队列里的任务干完，而其他线程对应的队列里还有任务等待处理。干完活的线程与其等着，不如去帮其他线程干活，于是它就去其他线程的队列里窃取一个任务来执行。而在这时它们会访问同一个队列，所以为了减少窃取任务线程和被窃取任务线程之间的竞争，通常会使用双端队列，被窃取任务线程永远从双端队列的头部拿任务执行，而窃取任务的线程永远从双端队列的尾部拿任务执行。

工作窃取的运行流程如图 6-7 所示。

工作窃取算法的优点：充分利用线程进行并行计算，减少了线程间的竞争。

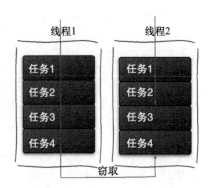

图 6-7　工作窃取运行流程图

工作窃取算法的缺点：在某些情况下还是存在竞争，比如双端队列里只有一个任务时。并且该算法会消耗了更多的系统资源，比如创建多个线程和多个双端队列。

6.4.3　Fork/Join 框架的设计

我们已经很清楚 Fork/Join 框架的需求了，那么可以思考一下，如果让我们来设计一个 Fork/Join 框架，该如何设计？这个思考有助于你理解 Fork/Join 框架的设计。

步骤 1　分割任务。首先我们需要有一个 fork 类来把大任务分割成子任务，有可能子任务还是很大，所以还需要不停地分割，直到分割出的子任务足够小。

步骤 2　执行任务并合并结果。分割的子任务分别放在双端队列里，然后几个启动线程分别从双端队列里获取任务执行。子任务执行完的结果都统一放在一个队列里，启动一个线程从队列里拿数据，然后合并这些数据。

Fork/Join 使用两个类来完成以上两件事情。

① ForkJoinTask：我们要使用 ForkJoin 框架，必须首先创建一个 ForkJoin 任务。它提供在任务中执行 fork() 和 join() 操作的机制。通常情况下，我们不需要直接继承 ForkJoinTask 类，只需要继承它的子类，Fork/Join 框架提供了以下两个子类。

❑ RecursiveAction：用于没有返回结果的任务。

❑ RecursiveTask：用于有返回结果的任务。

② ForkJoinPool：ForkJoinTask 需要通过 ForkJoinPool 来执行。

任务分割出的子任务会添加到当前工作线程所维护的双端队列中，进入队列的头部。当一个工作线程的队列里暂时没有任务时，它会随机从其他工作线程的队列的尾部获取一个任务。

6.4.4　使用 Fork/Join 框架

让我们通过一个简单的需求来使用 Fork/Join 框架，需求是：计算 1+2+3+4 的结果。

使用 Fork/Join 框架首先要考虑到的是如何分割任务，如果希望每个子任务最多执行两个数的相加，那么我们设置分割的阈值为 2，由于是 4 个数字相加，所以 Fork/Join 框架会把这个任务 fork 成两个子任务，子任务一负责计算 1+2，子任务二负责计算 3+4，然后再 join 两个子任务的结果。因为是有结果的任务，所以必须继承 RecursiveTask，实现代码如下。

```
package fj;

import java.util.concurrent.ExecutionException;
import java.util.concurrent.ForkJoinPool;
import java.util.concurrent.Future;
import java.util.concurrent.RecursiveTask;

public class CountTask extends RecursiveTask<Integer> {

        private static final int THRESHOLD = 2;// 阈值
```

```
private int start;
private int end;

public CountTask(int start, int end) {
        this.start = start;
        this.end = end;
}

@Override
protected Integer compute() {
        int sum = 0;

        // 如果任务足够小就计算任务
        boolean canCompute = (end - start) <= THRESHOLD;
        if (canCompute) {
                for (int i = start; i <= end; i++) {
                        sum += i;
                }
        } else {
                // 如果任务大于阈值，就分裂成两个子任务计算
                int middle = (start + end) / 2;
                CountTask leftTask = new CountTask(start, middle);
                CountTask rightTask = new CountTask(middle + 1, end);
                // 执行子任务
                leftTask.fork();
                rightTask.fork();
                // 等待子任务执行完，并得到其结果
                int leftResult=leftTask.join();
                int rightResult=rightTask.join();
                // 合并子任务
                sum = leftResult  + rightResult;
        }
        return sum;
}

public static void main(String[] args) {
        ForkJoinPool forkJoinPool = new ForkJoinPool();
        // 生成一个计算任务，负责计算 1+2+3+4
        CountTask task = new CountTask(1, 4);
        // 执行一个任务
        Future<Integer> result = forkJoinPool.submit(task);
        try {
                System.out.println(result.get());
        } catch (InterruptedException e) {
        } catch (ExecutionException e) {
        }
}

}
```

通过这个例子，我们进一步了解 ForkJoinTask，ForkJoinTask 与一般任务的主要区别在

于它需要实现 compute 方法，在这个方法里，首先需要判断任务是否足够小，如果足够小就直接执行任务。如果不足够小，就必须分割成两个子任务，每个子任务在调用 fork 方法时，又会进入 compute 方法，看看当前子任务是否需要继续分割成子任务，如果不需要继续分割，则执行当前子任务并返回结果。使用 join 方法会等待子任务执行完并得到其结果。

6.4.5 Fork/Join 框架的异常处理

ForkJoinTask 在执行的时候可能会抛出异常，但是我们没办法在主线程里直接捕获异常，所以 ForkJoinTask 提供了 isCompletedAbnormally() 方法来检查任务是否已经抛出异常或已经被取消了，并且可以通过 ForkJoinTask 的 getException 方法获取异常。使用如下代码。

```
if(task.isCompletedAbnormally())
        {
                System.out.println(task.getException());
        }
```

getException 方法返回 Throwable 对象，如果任务被取消了则返回 CancellationException。如果任务没有完成或者没有抛出异常则返回 null。

6.4.6 Fork/Join 框架的实现原理

ForkJoinPool 由 ForkJoinTask 数组和 ForkJoinWorkerThread 数组组成，ForkJoinTask 数组负责将存放程序提交给 ForkJoinPool 的任务，而 ForkJoinWorkerThread 数组负责执行这些任务。

（1）ForkJoinTask 的 fork 方法实现原理

当我们调用 ForkJoinTask 的 fork 方法时，程序会调用 ForkJoinWorkerThread 的 pushTask 方法异步地执行这个任务，然后立即返回结果。代码如下。

```
public final ForkJoinTask<V> fork() {
        ((ForkJoinWorkerThread) Thread.currentThread())
            .pushTask(this);
        return this;
}
```

pushTask 方法把当前任务存放在 ForkJoinTask 数组队列里。然后再调用 ForkJoinPool 的 signalWork() 方法唤醒或创建一个工作线程来执行任务。代码如下。

```
final void pushTask(ForkJoinTask<?> t) {
        ForkJoinTask<?>[] q; int s, m;
        if ((q = queue) != null) {                  // ignore if queue removed
            long u = (((s = queueTop) & (m = q.length - 1)) << ASHIFT) + ABASE;
            UNSAFE.putOrderedObject(q, u, t);
            queueTop = s + 1;                        // or use putOrderedInt
            if ((s -= queueBase) <= 2)
                pool.signalWork();
```

```
        else if (s == m)
            growQueue();
    }
}
```

（2）ForkJoinTask 的 join 方法实现原理

Join 方法的主要作用是阻塞当前线程并等待获取结果。让我们一起看看 ForkJoinTask 的 join 方法的实现，代码如下。

```
public final V join() {
        if (doJoin() != NORMAL)
            return reportResult();
        else
            return getRawResult();
}
private V reportResult() {
        int s; Throwable ex;
        if ((s = status) == CANCELLED)
            throw new CancellationException();
        if (s == EXCEPTIONAL && (ex = getThrowableException()) != null)
            UNSAFE.throwException(ex);
        return getRawResult();
    }
```

首先，它调用了 doJoin() 方法，通过 doJoin() 方法得到当前任务的状态来判断返回什么结果，任务状态有 4 种：已完成（NORMAL）、被取消（CANCELLED）、信号（SIGNAL）和出现异常（EXCEPTIONAL）。

❑ 如果任务状态是已完成，则直接返回任务结果。

❑ 如果任务状态是被取消，则直接抛出 CancellationException。

❑ 如果任务状态是抛出异常，则直接抛出对应的异常。

让我们再来分析一下 doJoin() 方法的实现代码。

```
private int doJoin() {
        Thread t; ForkJoinWorkerThread w; int s; boolean completed;
        if ((t = Thread.currentThread()) instanceof ForkJoinWorkerThread) {
            if ((s = status) < 0)
                return s;
            if ((w = (ForkJoinWorkerThread)t).unpushTask(this)) {
                try {
                    completed = exec();
                } catch (Throwable rex) {
                    return setExceptionalCompletion(rex);
                }
                if (completed)
                    return setCompletion(NORMAL);
            }
```

```
            return w.joinTask(this);
        }
    else
            return externalAwaitDone();
    }
```

在 doJoin() 方法里，首先通过查看任务的状态，看任务是否已经执行完成，如果执行完成，则直接返回任务状态；如果没有执行完，则从任务数组里取出任务并执行。如果任务顺利执行完成，则设置任务状态为 NORMAL，如果出现异常，则记录异常，并将任务状态设置为 EXCEPTIONAL。

6.5　本章小结

本章介绍了 Java 中提供的各种并发容器和框架，并分析了该容器和框架的实现原理，从中我们能够领略到大师级的设计思路，希望读者能够充分理解这种设计思想，并在以后开发的并发程序时，运用上这些并发编程的技巧。

Java 中的 13 个原子操作类

当程序更新一个变量时，如果多线程同时更新这个变量，可能得到期望之外的值，比如变量 i=1，A 线程更新 i+1，B 线程也更新 i+1，经过两个线程操作之后可能 i 不等于 3，而是等于 2。因为 A 和 B 线程在更新变量 i 的时候拿到的 i 都是 1，这就是线程不安全的更新操作，通常我们会使用 synchronized 来解决这个问题，synchronized 会保证多线程不会同时更新变量 i。

而 Java 从 JDK 1.5 开始提供了 java.util.concurrent.atomic 包（以下简称 Atomic 包），这个包中的原子操作类提供了一种用法简单、性能高效、线程安全地更新一个变量的方式。

因为变量的类型有很多种，所以在 Atomic 包里一共提供了 13 个类，属于 4 种类型的原子更新方式，分别是原子更新基本类型、原子更新数组、原子更新引用和原子更新属性（字段）。Atomic 包里的类基本都是使用 Unsafe 实现的包装类。

7.1 原子更新基本类型类

使用原子的方式更新基本类型，Atomic 包提供了以下 3 个类。

❑ AtomicBoolean：原子更新布尔类型。

❑ AtomicInteger：原子更新整型。

❑ AtomicLong：原子更新长整型。

以上 3 个类提供的方法几乎一模一样，所以本节仅以 AtomicInteger 为例进行讲解，AtomicInteger 的常用方法如下。

❑ int addAndGet（int delta）：以原子方式将输入的数值与实例中的值（AtomicInteger 里的 value）相加，并返回结果。

❑ boolean compareAndSet（int expect，int update）：如果输入的数值等于预期值，则以原子方式将该值设置为输入的值。

❑ int getAndIncrement()：以原子方式将当前值加 1，注意，这里返回的是自增前的值。

❑ void lazySet（int newValue）：最终会设置成 newValue，使用 lazySet 设置值后，可能导致其他线程在之后的一小段时间内还是可以读到旧的值。关于该方法的更多信息可以参考并发编程网翻译的一篇文章《 AtomicLong.lazySet 是如何工作的？》，文章地址是 "http://ifeve.com/how-does-atomiclong-lazyset-work/"。

❑ int getAndSet（int newValue）：以原子方式设置为 newValue 的值，并返回旧值。

AtomicInteger 示例代码如代码清单 7-1 所示。

代码清单 7-1　AtomicIntegerTest.java

```java
import java.util.concurrent.atomic.AtomicInteger;

public class AtomicIntegerTest {

        static AtomicInteger ai = new AtomicInteger(1);

        public static void main(String[] args) {
                System.out.println(ai.getAndIncrement());
                System.out.println(ai.get());
        }

}
```

输出结果如下。

```
1
2
```

那么 getAndIncrement 是如何实现原子操作的呢？让我们一起分析其实现原理，getAndIncrement 的源码如代码清单 7-2 所示。

代码清单 7-2　AtomicInteger.java

```java
public final int getAndIncrement() {
        for (;;) {
                int current = get();
                int next = current + 1;
                if (compareAndSet(current, next))
                        return current;
        }
}

public final boolean compareAndSet(int expect, int update) {
```

```
        return unsafe.compareAndSwapInt(this, valueOffset, expect, update);
    }
```

源码中 for 循环体的第一步先取得 AtomicInteger 里存储的数值，第二步对 AtomicInteger 的当前数值进行加 1 操作，关键的第三步调用 compareAndSet 方法来进行原子更新操作，该方法先检查当前数值是否等于 current，等于意味着 AtomicInteger 的值没有被其他线程修改过，则将 AtomicInteger 的当前数值更新成 next 的值，如果不等 compareAndSet 方法会返回 false，程序会进入 for 循环重新进行 compareAndSet 操作。

Atomic 包提供了 3 种基本类型的原子更新，但是 Java 的基本类型里还有 char、float 和 double 等。那么问题来了，如何原子的更新其他的基本类型呢？Atomic 包里的类基本都是使用 Unsafe 实现的，让我们一起看一下 Unsafe 的源码，如代码清单 7-3 所示。

代码清单 7-3　Unsafe.java

```
/**
 * 如果当前数值是 expected，则原子的将 Java 变量更新成 x
 * @return 如果更新成功则返回 true
 */
public final native boolean compareAndSwapObject(Object o,
                                                 long offset,
                                                 Object expected,
                                                 Object x);

public final native boolean compareAndSwapInt(Object o, long offset,
                                              int expected,
                                              int x);

public final native boolean compareAndSwapLong(Object o, long offset,
                                               long expected,
                                               long x);
```

通过代码，我们发现 Unsafe 只提供了 3 种 CAS 方法：compareAndSwapObject、compare-AndSwapInt 和 compareAndSwapLong，再看 AtomicBoolean 源码，发现它是先把 Boolean 转换成整型，再使用 compareAndSwapInt 进行 CAS，所以原子更新 char、float 和 double 变量也可以用类似的思路来实现。

7.2　原子更新数组

通过原子的方式更新数组里的某个元素，Atomic 包提供了以下 4 个类。

❑ AtomicIntegerArray：原子更新整型数组里的元素。

❑ AtomicLongArray：原子更新长整型数组里的元素。

❑ AtomicReferenceArray：原子更新引用类型数组里的元素。

❑ AtomicIntegerArray 类主要是提供原子的方式更新数组里的整型，其常用方法如下。

　　➢ int addAndGet（int i，int delta）：以原子方式将输入值与数组中索引 i 的元素相加。

　　➢ boolean compareAndSet（int i，int expect，int update）：如果当前值等于预期值，则以原子方式将数组位置 i 的元素设置成 update 值。

以上几个类提供的方法几乎一样，所以本节仅以 AtomicIntegerArray 为例进行讲解，AtomicIntegerArray 的使用实例代码如代码清单 7-4 所示。

代码清单 7-4　AtomicIntegerArrayTest.java

```
public class AtomicIntegerArrayTest {

    static int[] value = new int[] { 1, 2 };

    static AtomicIntegerArray ai = new AtomicIntegerArray(value);

    public static void main(String[] args) {
        ai.getAndSet(0, 3);
        System.out.println(ai.get(0));
        System.out.println(value[0]);
    }

}
```

以下是输出的结果。

```
3
1
```

需要注意的是，数组 value 通过构造方法传递进去，然后 AtomicIntegerArray 会将当前数组复制一份，所以当 AtomicIntegerArray 对内部的数组元素进行修改时，不会影响传入的数组。

7.3　原子更新引用类型

原子更新基本类型的 AtomicInteger，只能更新一个变量，如果要原子更新多个变量，就需要使用这个原子更新引用类型提供的类。Atomic 包提供了以下 3 个类。

❑ AtomicReference：原子更新引用类型。

❑ AtomicReferenceFieldUpdater：原子更新引用类型里的字段。

❑ AtomicMarkableReference：原子更新带有标记位的引用类型。可以原子更新一个布尔类型的标记位和引用类型。构造方法是 AtomicMarkableReference（V initialRef，boolean initialMark）。

以上几个类提供的方法几乎一样，所以本节仅以 AtomicReference 为例进行讲解，AtomicReference 的使用示例代码如代码清单 7-5 所示。

代码清单 7-5　AtomicReferenceTest.java

```java
public class AtomicReferenceTest {

    public static AtomicReference<User> atomicUserRef = new
        AtomicReference<User>();

    public static void main(String[] args) {
        User user = new User("conan", 15);
        atomicUserRef.set(user);
        User updateUser = new User("Shinichi", 17);
        atomicUserRef.compareAndSet(user, updateUser);
        System.out.println(atomicUserRef.get().getName());
        System.out.println(atomicUserRef.get().getOld());
    }

    static class User {
        private String name;
        private int old;

        public User(String name, int old) {
            this.name = name;
            this.old = old;
        }

        public String getName() {
            return name;
        }

        public int getOld() {
            return old;
        }
    }
}
```

代码中首先构建一个 user 对象，然后把 user 对象设置进 AtomicReferenc 中，最后调用 compareAndSet 方法进行原子更新操作，实现原理同 AtomicInteger 里的 compareAndSet 方法。代码执行后输出结果如下。

```
Shinichi
17
```

7.4　原子更新字段类

如果需原子地更新某个类里的某个字段时，就需要使用原子更新字段类，Atomic 包提供了以下 3 个类进行原子字段更新。

- ❑ AtomicIntegerFieldUpdater：原子更新整型的字段的更新器。
- ❑ AtomicLongFieldUpdater：原子更新长整型字段的更新器。
- ❑ AtomicStampedReference：原子更新带有版本号的引用类型。该类将整数值与引用关联起来，可用于原子的更新数据和数据的版本号，可以解决使用 CAS 进行原子更新时可能出现的 ABA 问题。

要想原子地更新字段类需要两步。第一步，因为原子更新字段类都是抽象类，每次使用的时候必须使用静态方法 newUpdater() 创建一个更新器，并且需要设置想要更新的类和属性。第二步，更新类的字段（属性）必须使用 public volatile 修饰符。

以上 3 个类提供的方法几乎一样，所以本节仅以 AtomicIntegerFieldUpdater 为例进行讲解，AstomicIntegerFieldUpdater 的示例代码如代码清单 7-6 所示。

代码清单 7-6　AtomicIntegerFieldUpdaterTest.java

```java
public class AtomicIntegerFieldUpdaterTest {
    // 创建原子更新器，并设置需要更新的对象类和对象的属性
    private static AtomicIntegerFieldUpdater<User> a = AtomicIntegerFieldUpdater.
    newUpdater(User.class, "old");

    public static void main(String[] args) {
        // 设置柯南的年龄是 10 岁
        User conan = new User("conan", 10);
        // 柯南长了一岁，但是仍然会输出旧的年龄
        System.out.println(a.getAndIncrement(conan));
        // 输出柯南现在的年龄
        System.out.println(a.get(conan));
    }

    public static class User {
        private String name;
        public volatile int old;

        public User(String name, int old) {
            this.name = name;
            this.old = old;
        }

        public String getName() {
            return name;
        }

        public int getOld() {
```

```
                    return old;
            }
        }
}
```

代码执行后输出如下。

```
10
11
```

7.5 本章小结

本章介绍了 JDK 中并发包里的 13 个原子操作类以及原子操作类的实现原理，读者需要熟悉这些类和使用场景，在适当的场合下使用它。

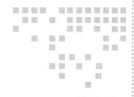

Java 中的并发工具类

在 JDK 的并发包里提供了几个非常有用的并发工具类。CountDownLatch、CyclicBarrier 和 Semaphore 工具类提供了一种并发流程控制的手段，Exchanger 工具类则提供了在线程间交换数据的一种手段。本章会配合一些应用场景来介绍如何使用这些工具类。

8.1 等待多线程完成的 CountDownLatch

CountDownLatch 允许一个或多个线程等待其他线程完成操作。

假如有这样一个需求：我们需要解析一个 Excel 里多个 sheet 的数据，此时可以考虑使用多线程，每个线程解析一个 sheet 里的数据，等到所有的 sheet 都解析完之后，程序需要提示解析完成。在这个需求中，要实现主线程等待所有线程完成 sheet 的解析操作，最简单的做法是使用 join() 方法，如代码清单 8-1 所示。

代码清单 8-1　JoinCountDownLatchTest.java

```
public class JoinCountDownLatchTest {

    public static void main(String[] args) throws InterruptedException {
        Thread parser1 = new Thread(new Runnable() {
            @Override
    public void run() {
            }
        });

        Thread parser2 = new Thread(new Runnable() {
```

```
            @Override
    public void run() {
    System.out.println("parser2 finish");
            }
        });

    parser1.start();
    parser2.start();
    parser1.join();
    parser2.join();
    System.out.println("all parser finish");
    }

    }
```

join 用于让当前执行线程等待 join 线程执行结束。其实现原理是不停检查 join 线程是否存活，如果 join 线程存活则让当前线程永远等待。其中，wait（0）表示永远等待下去，代码片段如下。

```
while (isAlive()) {
wait(0);
}
```

直到 join 线程中止后，线程的 this.notifyAll() 方法会被调用，调用 notifyAll() 方法是在 JVM 里实现的，所以在 JDK 里看不到，大家可以查看 JVM 源码。

在 JDK 1.5 之后的并发包中提供的 CountDownLatch 也可以实现 join 的功能，并且比 join 的功能更多，如代码清单 8-2 所示。

代码清单 8-2　CountDownLatchTest.java

```
public class CountDownLatchTest {

staticCountDownLatch c = new CountDownLatch(2);

public static void main(String[] args) throws InterruptedException {
new Thread(new Runnable() {
            @Override
public void run() {
System.out.println(1);
c.countDown();
System.out.println(2);
c.countDown();
            }
        }).start();

c.await();
```

```
System.out.println("3");
    }

}
```

CountDownLatch 的构造函数接收一个 int 类型的参数作为计数器，如果你想等待 N 个点完成，这里就传入 N。

当我们调用 CountDownLatch 的 countDown 方法时，N 就会减 1，CountDownLatch 的 await 方法会阻塞当前线程，直到 N 变成零。由于 countDown 方法可以用在任何地方，所以这里说的 N 个点，可以是 N 个线程，也可以是 1 个线程里的 N 个执行步骤。用在多个线程时，只需要把这个 CountDownLatch 的引用传递到线程里即可。

如果有某个解析 sheet 的线程处理得比较慢，我们不可能让主线程一直等待，所以可以使用另外一个带指定时间的 await 方法——await（long time，TimeUnit unit），这个方法等待特定时间后，就会不再阻塞当前线程。join 也有类似的方法。

> **注意**　计数器必须大于等于 0，只是等于 0 时候，计数器就是零，调用 await 方法时不会阻塞当前线程。CountDownLatch 不可能重新初始化或者修改 CountDownLatch 对象的内部计数器的值。一个线程调用 countDown 方法 happen-before，另外一个线程调用 await 方法。

8.2　同步屏障 CyclicBarrier

CyclicBarrier 的字面意思是可循环使用（Cyclic）的屏障（Barrier）。它要做的事情是，让一组线程到达一个屏障（也可以叫同步点）时被阻塞，直到最后一个线程到达屏障时，屏障才会开门，所有被屏障拦截的线程才会继续运行。

8.2.1　CyclicBarrier 简介

CyclicBarrier 默认的构造方法是 CyclicBarrier（int parties），其参数表示屏障拦截的线程数量，每个线程调用 await 方法告诉 CyclicBarrier 我已经到达了屏障，然后当前线程被阻塞。示例代码如代码清单 8-3 所示。

代码清单 8-3　CyclicBarrierTest.java

```
public class CyclicBarrierTest {

staticCyclicBarrier c = new CyclicBarrier(2);

public static void main(String[] args) {
```

```
    new Thread(new Runnable() {

        @Override
        public void run() {
            try {
                c.await();
            } catch (Exception e) {
            }
            System.out.println(1);
        }
    }).start();

try {
    c.await();
    } catch (Exception e) {
    }
    System.out.println(2);
    }
}
```

因为主线程和子线程的调度是由 CPU 决定的，两个线程都有可能先执行，所以会产生两种输出，第一种可能输出如下。

```
1
2
```

第二种可能输出如下。

```
2
1
```

如果把 new CyclicBarrier(2) 修改成 new CyclicBarrier(3)，则主线程和子线程会永远等待，因为没有第三个线程执行 await 方法，即没有第三个线程到达屏障，所以之前到达屏障的两个线程都不会继续执行。

CyclicBarrier 还提供一个更高级的构造函数 CyclicBarrier（int parties，Runnable barrier-Action），用于在线程到达屏障时，优先执行 barrierAction，方便处理更复杂的业务场景，如代码清单 8-4 所示。

代码清单 8-4　CyclicBarrierTest2.java

```
import java.util.concurrent.CyclicBarrier;

public class CyclicBarrierTest2 {

    static CyclicBarrier c = new CyclicBarrier(2, new A());

    public static void main(String[] args) {
```

```
                new Thread(new Runnable() {

                        @Override
                        public void run() {
                                try {
                                        c.await();
                                } catch (Exception e) {

                                }
                                System.out.println(1);
                        }
                }).start();

                try {
                        c.await();
                } catch (Exception e) {

                }
                System.out.println(2);
        }

        static class A implements Runnable {

                @Override
                public void run() {
                        System.out.println(3);
                }

        }

}
```

因为 CyclicBarrier 设置了拦截线程的数量是 2，所以必须等代码中的第一个线程和线程 A 都执行完之后，才会继续执行主线程，然后输出 2，所以代码执行后的输出如下。

```
3
1
2
```

8.2.2　CyclicBarrier 的应用场景

CyclicBarrier 可以用于多线程计算数据，最后合并计算结果的场景。例如，用一个 Excel 保存了用户所有银行流水，每个 Sheet 保存一个账户近一年的每笔银行流水，现在需要统计用户的日均银行流水，先用多线程处理每个 sheet 里的银行流水，都执行完之后，得到每个 sheet 的日均银行流水，最后，再用 barrierAction 用这些线程的计算结果，计算出整个 Excel 的日均银行流水，如代码清单 8-5 所示。

代码清单 8-5　BankWaterService.java

```java
import java.util.Map.Entry;
import java.util.concurrent.BrokenBarrierException;
import java.util.concurrent.ConcurrentHashMap;
import java.util.concurrent.CyclicBarrier;
import java.util.concurrent.Executor;
import java.util.concurrent.Executors;

/**
 * 银行流水处理服务类
 *
 * @author ftf
 *
 */
public class BankWaterService implements Runnable {

    /**
     * 创建 4 个屏障，处理完之后执行当前类的 run 方法
     */
    private CyclicBarrier c = new CyclicBarrier(4, this);

    /**
     * 假设只有 4 个 sheet，所以只启动 4 个线程
     */
    private Executor executor = Executors.newFixedThreadPool(4);

    /**
     * 保存每个 sheet 计算出的银流结果
     */
    private ConcurrentHashMap<String, Integer>sheetBankWaterCount = new
ConcurrentHashMap<String, Integer>();

    private void count() {

        for (int i = 0; i< 4; i++) {

            executor.execute(new Runnable() {

                @Override
                public void run() {
                    // 计算当前 sheet 的银流数据，计算代码省略
                    sheetBankWaterCount
.put(Thread.currentThread().getName(), 1);
                    // 银流计算完成，插入一个屏障
                    try {
                        c.await();
                    } catch (InterruptedException |
                        BrokenBarrierException e) {
```

```
                                        e.printStackTrace();
                                }

                        }

                });
        }
}


@Override
publicvoid run() {
        intresult = 0;
        // 汇总每个 sheet 计算出的结果
        for (Entry<String, Integer>sheet : sheetBankWaterCount.entrySet()) {
                result += sheet.getValue();

        }
        // 将结果输出
        sheetBankWaterCount.put("result", result);
        System.out.println(result);
}


publicstaticvoid main(String[] args) {
        BankWaterService bankWaterCount = new BankWaterService();
        bankWaterCount.count();
}
}
```

使用线程池创建 4 个线程，分别计算每个 sheet 里的数据，每个 sheet 计算结果是 1，再由 BankWaterService 线程汇总 4 个 sheet 计算出的结果，输出结果如下。

4

8.2.3　CyclicBarrier 和 CountDownLatch 的区别

CountDownLatch 的计数器只能使用一次，而 CyclicBarrier 的计数器可以使用 reset() 方法重置。所以 CyclicBarrier 能处理更为复杂的业务场景。例如，如果计算发生错误，可以重置计数器，并让线程重新执行一次。

CyclicBarrier 还提供其他有用的方法，比如 getNumberWaiting 方法可以获得 Cyclic-Barrier 阻塞的线程数量。isBroken() 方法用来了解阻塞的线程是否被中断。代码清单 8-5 执行完之后会返回 true，其中 isBroken 的使用代码如代码清单 8-6 所示。

代码清单 8-6　CyclicBarrierTest3.java

```
importjava.util.concurrent.BrokenBarrierException;
```

```
importjava.util.concurrent.CyclicBarrier;

public class CyclicBarrierTest3 {

staticCyclicBarrier c = new CyclicBarrier(2);

    public static void main(String[] args) throws InterruptedException,
    BrokenBarrierException {
        Thread thread = new Thread(new Runnable() {

            @Override
public void run() {
try {
c.await();
            } catch (Exception e) {
            }
        }
    });
thread.start();
thread.interrupt();
try {
c.await();
    } catch (Exception e) {
System.out.println(c.isBroken());
    }
    }
}
```

输出如下所示。

```
true
```

8.3　控制并发线程数的 Semaphore

　　Semaphore（信号量）是用来控制同时访问特定资源的线程数量，它通过协调各个线程，以保证合理的使用公共资源。

　　多年以来，我都觉得从字面上很难理解 Semaphore 所表达的含义，只能把它比作是控制流量的红绿灯。比如 ×× 马路要限制流量，只允许同时有一百辆车在这条路上行使，其他的都必须在路口等待，所以前一百辆车会看到绿灯，可以开进这条马路，后面的车会看到红灯，不能驶入 ×× 马路，但是如果前一百辆中有 5 辆车已经离开了 ×× 马路，那么后面就允许有 5 辆车驶入马路，这个例子里说的车就是线程，驶入马路就表示线程在执行，离开马路就表示线程执行完成，看见红灯就表示线程被阻塞，不能执行。

1. 应用场景

　　Semaphore 可以用于做流量控制，特别是公用资源有限的应用场景，比如数据库连接。

假如有一个需求，要读取几万个文件的数据，因为都是 IO 密集型任务，我们可以启动几十个线程并发地读取，但是如果读到内存后，还需要存储到数据库中，而数据库的连接数只有10 个，这时我们必须控制只有 10 个线程同时获取数据库连接保存数据，否则会报错无法获取数据库连接。这个时候，就可以使用 Semaphore 来做流量控制，如代码清单 8-7 所示。

代码清单 8-7　SemaphoreTest.java

```java
public class SemaphoreTest {

    private static final int THREAD_COUNT = 30;

    private static ExecutorServicethreadPool = Executors
            .newFixedThreadPool(THREAD_COUNT);

    private static Semaphore s = new Semaphore(10);

    public static void main(String[] args) {
    for (inti = 0; i< THREAD_COUNT; i++) {
    threadPool.execute(new Runnable() {
                @Override
    public void run() {
    try {
    s.acquire();
    System.out.println("save data");
    s.release();
                } catch (InterruptedException e) {
                }
            }
        });
    }

    threadPool.shutdown();
    }
}
```

在代码中，虽然有 30 个线程在执行，但是只允许 10 个并发执行。Semaphore 的构造方法 Semaphore（int permits）接受一个整型的数字，表示可用的许可证数量。Semaphore（10）表示允许 10 个线程获取许可证，也就是最大并发数是 10。Semaphore 的用法也很简单，首先线程使用 Semaphore 的 acquire() 方法获取一个许可证，使用完之后调用 release() 方法归还许可证。还可以用 tryAcquire() 方法尝试获取许可证。

2. 其他方法

Semaphore 还提供一些其他方法，具体如下。

❑ intavailablePermits()：返回此信号量中当前可用的许可证数。

❑ intgetQueueLength()：返回正在等待获取许可证的线程数。

❑ booleanhasQueuedThreads()：是否有线程正在等待获取许可证。

❑ void reducePermits（int reduction）：减少 reduction 个许可证，是个 protected 方法。

❑ Collection getQueuedThreads()：返回所有等待获取许可证的线程集合，是个 protected 方法。

8.4　线程间交换数据的 Exchanger

Exchanger（交换者）是一个用于线程间协作的工具类。Exchanger 用于进行线程间的数据交换。它提供一个同步点，在这个同步点，两个线程可以交换彼此的数据。这两个线程通过 exchange 方法交换数据，如果第一个线程先执行 exchange() 方法，它会一直等待第二个线程也执行 exchange 方法，当两个线程都到达同步点时，这两个线程就可以交换数据，将本线程生产出来的数据传递给对方。

下面来看一下 Exchanger 的应用场景。

Exchanger 可以用于遗传算法，遗传算法里需要选出两个人作为交配对象，这时候会交换两人的数据，并使用交叉规则得出 2 个交配结果。**Exchanger 也可以用于校对工作**，比如我们需要将纸制银行流水通过人工的方式录入成电子银行流水，为了避免错误，采用 AB 岗两人进行录入，录入到 Excel 之后，系统需要加载这两个 Excel，并对两个 Excel 数据进行校对，看看是否录入一致，代码如代码清单 8-8 所示。

代码清单 8-8　ExchangerTest.java

```
public class ExchangerTest {

private static final Exchanger<String>exgr = new Exchanger<String>();

private static ExecutorServicethreadPool = Executors.newFixedThreadPool(2);

public static void main(String[] args) {

threadPool.execute(new Runnable() {
            @Override
public void run() {
try {
                    String A = " 银行流水 A";              //A 录入银行流水数据
exgr.exchange(A);
                } catch (InterruptedException e) {
                }
            }
        });

threadPool.execute(new Runnable() {
            @Override
public void run() {
```

```
try {
                    String B = "银行流水 B";              //B 录入银行流水数据
                    String A = exgr.exchange("B");
System.out.println("A 和 B 数据是否一致: " + A.equals(B) + ", A 录入的是: "
                    + A + ", B 录入是: " + B);
                } catch (InterruptedException e) {
                }
            }
        });

threadPool.shutdown();

    }
}
```

如果两个线程有一个没有执行 exchange() 方法，则会一直等待，如果担心有特殊情况发生，避免一直等待，可以使用 exchange（V x, longtimeout, TimeUnit unit）设置最大等待时长。

8.5　本章小结

本章配合一些应用场景介绍 JDK 中提供的几个并发工具类，大家记住这个工具类的用途，一旦有对应的业务场景，不妨试试这些工具类。

Java 中的线程池

Java 中的线程池是运用场景最多的并发框架,几乎所有需要异步或并发执行任务的程序都可以使用线程池。在开发过程中,合理地使用线程池能够带来 3 个好处。

第一:**降低资源消耗**。通过重复利用已创建的线程降低线程创建和销毁造成的消耗。

第二:**提高响应速度**。当任务到达时,任务可以不需要等到线程创建就能立即执行。

第三:**提高线程的可管理性**。线程是稀缺资源,如果无限制地创建,不仅会消耗系统资源,还会降低系统的稳定性,使用线程池可以进行统一分配、调优和监控。但是,要做到合理利用线程池,必须对其实现原理了如指掌。

9.1 线程池的实现原理

当向线程池提交一个任务之后,线程池是如何处理这个任务的呢?本节来看一下线程池的主要处理流程,处理流程图如图 9-1 所示。

从图中可以看出,当提交一个新任务到线程池时,线程池的处理流程如下。

1)线程池判断核心线程池里的线程是否都在执行任务。如果不是,则创建一个新的工作线程来执行任务。如果核心线程池里的线程都在执行任务,则进入下个流程。

2)线程池判断工作队列是否已经满。如果工作队列没有满,则将新提交的任务存储在这个工作队列里。如果工作队列满了,则进入下个流程。

3)线程池判断线程池的线程是否都处于工作状态。如果没有,则创建一个新的工作线程来执行任务。如果已经满了,则交给饱和策略来处理这个任务。

ThreadPoolExecutor 执行 execute() 方法的示意图,如图 9-2 所示。

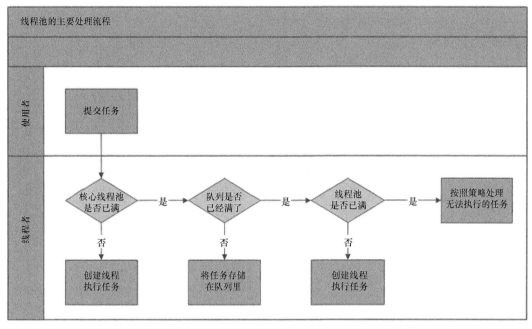

图 9-1　线程池的主要处理流程

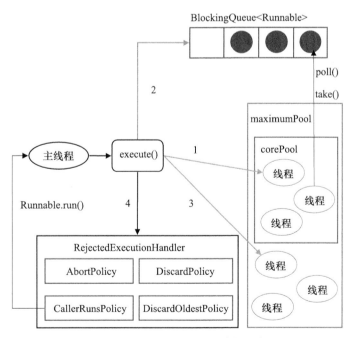

图 9-2　ThreadPoolExecutor 执行示意图

ThreadPoolExecutor 执行 execute 方法分下面 4 种情况。

1）如果当前运行的线程少于 corePoolSize，则创建新线程来执行任务（注意，执行这一步骤需要获取全局锁）。

2）如果运行的线程等于或多于 corePoolSize，则将任务加入 BlockingQueue。

3）如果无法将任务加入 BlockingQueue（队列已满），则创建新的线程来处理任务（注意，执行这一步骤需要获取全局锁）。

4）如果创建新线程将使当前运行的线程超出 maximumPoolSize，任务将被拒绝，并调用 RejectedExecutionHandler.rejectedExecution() 方法。

ThreadPoolExecutor 采取上述步骤的总体设计思路，是为了在执行 execute() 方法时，尽可能地避免获取全局锁（那将会是一个严重的可伸缩瓶颈）。在 ThreadPoolExecutor 完成预热之后（当前运行的线程数大于等于 corePoolSize），几乎所有的 execute() 方法调用都是执行步骤 2，而步骤 2 不需要获取全局锁。

源码分析：上面的流程分析让我们很直观地了解了线程池的工作原理，让我们再通过源代码来看看是如何实现的，线程池执行任务的方法如下。

```java
public void execute(Runnable command) {
        if (command == null)
                throw new NullPointerException();
// 如果线程数小于基本线程数，则创建线程并执行当前任务
if (poolSize >= corePoolSize || !addIfUnderCorePoolSize(command)) {
// 如线程数大于等于基本线程数或线程创建失败，则将当前任务放到工作队列中。
if (runState == RUNNING && workQueue.offer(command)) {
        if (runState != RUNNING || poolSize == 0)
                    ensureQueuedTaskHandled(command);
}
// 如果线程池不处于运行中或任务无法放入队列，并且当前线程数量小于最大允许的线程数量，
// 则创建一个线程执行任务。
else if (!addIfUnderMaximumPoolSize(command))
// 抛出 RejectedExecutionException 异常
reject(command); // is shutdown or saturated
            }
        }
```

工作线程：线程池创建线程时，会将线程封装成工作线程 Worker，Worker 在执行完任务后，还会循环获取工作队列里的任务来执行。我们可以从 Worker 类的 run() 方法里看到这点。

```java
public void run() {
    try {
        Runnable task = firstTask;
        firstTask = null;
        while (task != null || (task = getTask()) != null) {
                runTask(task);
                task = null;
        }
```

```
    } finally {
        workerDone(this);
    }
}
```

ThreadPoolExecutor 中线程执行任务的示意图如图 9-3 所示。

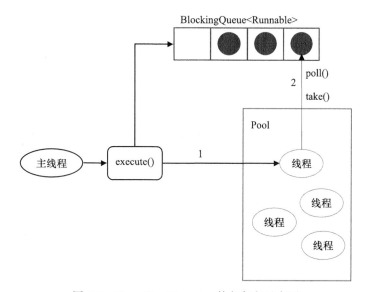

图 9-3　ThreadPoolExecutor 执行任务示意图

线程池中的线程执行任务分两种情况，如下。

1）在 execute() 方法中创建一个线程时，会让这个线程执行当前任务。

2）这个线程执行完上图中 1 的任务后，会反复从 BlockingQueue 获取任务来执行。

9.2　线程池的使用

9.2.1　线程池的创建

我们可以通过 ThreadPoolExecutor 来创建一个线程池。

```
new ThreadPoolExecutor(corePoolSize, maximumPoolSize, keepAliveTime,
milliseconds,runnableTaskQueue, handler);
```

创建一个线程池时需要输入几个参数，如下。

1）corePoolSize（线程池的基本大小）：当提交一个任务到线程池时，线程池会创建一个线程来执行任务，即使其他空闲的基本线程能够执行新任务也会创建线程，等到需要执行的任务数大于线程池基本大小时就不再创建。如果调用了线程池的 prestartAllCoreThreads() 方法，线程池会提前创建并启动所有基本线程。

2）runnableTaskQueue（任务队列）：用于保存等待执行的任务的阻塞队列。可以选择以下几个阻塞队列。

- ArrayBlockingQueue：是一个基于数组结构的有界阻塞队列，此队列按 FIFO（先进先出）原则对元素进行排序。
- LinkedBlockingQueue：一个基于链表结构的阻塞队列，此队列按 FIFO 排序元素，吞吐量通常要高于 ArrayBlockingQueue。静态工厂方法 Executors.newFixedThreadPool() 使用了这个队列。
- SynchronousQueue：一个不存储元素的阻塞队列。每个插入操作必须等到另一个线程调用移除操作，否则插入操作一直处于阻塞状态，吞吐量通常要高于 Linked-BlockingQueue，静态工厂方法 Executors.newCachedThreadPool 使用了这个队列。
- PriorityBlockingQueue：一个具有优先级的无限阻塞队列。

3）maximumPoolSize（线程池最大数量）：线程池允许创建的最大线程数。如果队列满了，并且已创建的线程数小于最大线程数，则线程池会再创建新的线程执行任务。值得注意的是，如果使用了无界的任务队列这个参数就没什么效果。

4）ThreadFactory：用于设置创建线程的工厂，可以通过线程工厂给每个创建出来的线程设置更有意义的名字。使用开源框架 guava 提供的 ThreadFactoryBuilder 可以快速给线程池里的线程设置有意义的名字，代码如下。

```
new ThreadFactoryBuilder().setNameFormat("XX-task-%d").build();
```

5）RejectedExecutionHandler（饱和策略）：当队列和线程池都满了，说明线程池处于饱和状态，那么必须采取一种策略处理提交的新任务。这个策略默认情况下是 AbortPolicy，表示无法处理新任务时抛出异常。在 JDK 1.5 中 Java 线程池框架提供了以下 4 种策略。

- AbortPolicy：直接抛出异常。
- CallerRunsPolicy：只用调用者所在线程来运行任务。
- DiscardOldestPolicy：丢弃队列里最近的一个任务，并执行当前任务。
- DiscardPolicy：不处理，丢弃掉。

当然，也可以根据应用场景需要来实现 RejectedExecutionHandler 接口自定义策略。如记录日志或持久化存储不能处理的任务。

- keepAliveTime（线程活动保持时间）：线程池的工作线程空闲后，保持存活的时间。所以，如果任务很多，并且每个任务执行的时间比较短，可以调大时间，提高线程的利用率。
- TimeUnit（线程活动保持时间的单位）：可选的单位有天（DAYS）、小时（HOURS）、分钟（MINUTES）、毫秒（MILLISECONDS）、微秒（MICROSECONDS，千分之一毫秒）和纳秒（NANOSECONDS，千分之一微秒）。

9.2.2　向线程池提交任务

可以使用两个方法向线程池提交任务，分别为 execute() 和 submit() 方法。

execute() 方法用于提交不需要返回值的任务，所以无法判断任务是否被线程池执行成功。通过以下代码可知 execute() 方法输入的任务是一个 Runnable 类的实例。

```
threadsPool.execute(new Runnable() {
                @Override
                public void run() {
                        // TODO Auto-generated method stub
                }
        });
```

submit() 方法用于提交需要返回值的任务。线程池会返回一个 future 类型的对象，通过这个 future 对象可以判断任务是否执行成功，并且可以通过 future 的 get() 方法来获取返回值，get() 方法会阻塞当前线程直到任务完成，而使用 get（long timeout，TimeUnit unit）方法则会阻塞当前线程一段时间后立即返回，这时候有可能任务没有执行完。

```
Future<Object> future = executor.submit(harReturnValuetask);
        try {
                Object s = future.get();
        } catch (InterruptedException e) {
                // 处理中断异常
        } catch (ExecutionException e) {
                // 处理无法执行任务异常
        } finally {
                // 关闭线程池
                executor.shutdown();
        }
```

9.2.3　关闭线程池

可以通过调用线程池的 shutdown 或 shutdownNow 方法来关闭线程池。它们的原理是遍历线程池中的工作线程，然后逐个调用线程的 interrupt 方法来中断线程，所以无法响应中断的任务可能永远无法终止。但是它们存在一定的区别，shutdownNow 首先将线程池的状态设置成 STOP，然后尝试停止所有的正在执行或暂停任务的线程，并返回等待执行任务的列表，而 shutdown 只是将线程池的状态设置成 SHUTDOWN 状态，然后中断所有没有正在执行任务的线程。

只要调用了这两个关闭方法中的任意一个，isShutdown 方法就会返回 true。当所有的任务都已关闭后，才表示线程池关闭成功，这时调用 isTerminaed 方法会返回 true。至于应该调用哪一种方法来关闭线程池，应该由提交到线程池的任务特性决定，通常调用 shutdown 方法来关闭线程池，如果任务不一定要执行完，则可以调用 shutdownNow 方法。

9.2.4 合理地配置线程池

要想合理地配置线程池，就必须首先分析任务特性，可以从以下几个角度来分析。

❏ 任务的性质：CPU 密集型任务、IO 密集型任务和混合型任务。

❏ 任务的优先级：高、中和低。

❏ 任务的执行时间：长、中和短。

❏ 任务的依赖性：是否依赖其他系统资源，如数据库连接。

性质不同的任务可以用不同规模的线程池分开处理。CPU 密集型任务应配置尽可能小的线程，如配置 $N_{cpu}+1$ 个线程的线程池。由于 IO 密集型任务线程并不是一直在执行任务，则应配置尽可能多的线程，如 $2*N_{cpu}$。混合型的任务，如果可以拆分，将其拆分成一个 CPU 密集型任务和一个 IO 密集型任务，只要这两个任务执行的时间相差不是太大，那么分解后执行的吞吐量将高于串行执行的吞吐量。如果这两个任务执行时间相差太大，则没必要进行分解。可以通过 Runtime.getRuntime().availableProcessors() 方法获得当前设备的 CPU 个数。

优先级不同的任务可以使用优先级队列 PriorityBlockingQueue 来处理。它可以让优先级高的任务先执行。

📷 注 意　如果一直有优先级高的任务提交到队列里，那么优先级低的任务可能永远不能执行。

执行时间不同的任务可以交给不同规模的线程池来处理，或者可以使用优先级队列，让执行时间短的任务先执行。

依赖数据库连接池的任务，因为线程提交 SQL 后需要等待数据库返回结果，等待的时间越长，则 CPU 空闲时间就越长，那么线程数应该设置得越大，这样才能更好地利用 CPU。

建议使用有界队列。有界队列能增加系统的稳定性和预警能力，可以根据需要设大一点儿，比如几千。有一次，我们系统里后台任务线程池的队列和线程池全满了，不断抛出抛弃任务的异常，通过排查发现是数据库出现了问题，导致执行 SQL 变得非常缓慢，因为后台任务线程池里的任务全是需要向数据库查询和插入数据的，所以导致线程池里的工作线程全部阻塞，任务积压在线程池里。如果当时我们设置成无界队列，那么线程池的队列就会越来越多，有可能会撑满内存，导致整个系统不可用，而不只是后台任务出现问题。当然，我们的系统所有的任务是用单独的服务器部署的，我们使用不同规模的线程池完成不同类型的任务，但是出现这样问题时也会影响到其他任务。

9.2.5 线程池的监控

如果在系统中大量使用线程池，则有必要对线程池进行监控，方便在出现问题时，可以根据线程池的使用状况快速定位问题。可以通过线程池提供的参数进行监控，在监控线程池的时候可以使用以下属性。

- ❑ taskCount：线程池需要执行的任务数量。
- ❑ completedTaskCount：线程池在运行过程中已完成的任务数量，小于或等于 taskCount。
- ❑ largestPoolSize：线程池里曾经创建过的最大线程数量。通过这个数据可以知道线程池是否曾经满过。如该数值等于线程池的最大大小，则表示线程池曾经满过。
- ❑ getPoolSize：线程池的线程数量。如果线程池不销毁的话，线程池里的线程不会自动销毁，所以这个大小只增不减。
- ❑ getActiveCount：获取活动的线程数。

通过扩展线程池进行监控。可以通过继承线程池来自定义线程池，重写线程池的beforeExecute、afterExecute 和 terminated 方法，也可以在任务执行前、执行后和线程池关闭前执行一些代码来进行监控。例如，监控任务的平均执行时间、最大执行时间和最小执行时间等。这几个方法在线程池里是空方法。

```
protected void beforeExecute(Thread t, Runnable r) { }
```

9.3　本章小结

在工作中我经常发现，很多人因为不了解线程池的实现原理，把线程池配置错误，从而导致了各种问题。本章介绍了为什么要使用线程池、如何使用线程池和线程池的使用原理，相信阅读完本章之后，读者能更准确、更有效地使用线程池。

Chapter 10 | 第 10 章

Executor 框架

在 Java 中，使用线程来异步执行任务。Java 线程的创建与销毁需要一定的开销，如果我们为每一个任务创建一个新线程来执行，这些线程的创建与销毁将消耗大量的计算资源。同时，为每一个任务创建一个新线程来执行，这种策略可能会使处于高负荷状态的应用最终崩溃。

Java 的线程既是工作单元，也是执行机制。从 JDK 5 开始，把工作单元与执行机制分离开来。工作单元包括 Runnable 和 Callable，而执行机制由 Executor 框架提供。

10.1　Executor 框架简介

10.1.1　Executor 框架的两级调度模型

在 HotSpot VM 的线程模型中，Java 线程（java.lang.Thread）被一对一映射为本地操作系统线程。Java 线程启动时会创建一个本地操作系统线程；当该 Java 线程终止时，这个操作系统线程也会被回收。操作系统会调度所有线程并将它们分配给可用的 CPU。

在上层，Java 多线程程序通常把应用分解为若干个任务，然后使用用户级的调度器（Executor 框架）将这些任务映射为固定数量的线程；在底层，操作系统内核将这些线程映射到硬件处理器上。这种两级调度模型的示意图如图 10-1 所示。

从图中可以看出，应用程序通过 Executor 框架控制上层的调度；而下层的调度由操作系统内核控制，下层的调度不受应用程序的控制。

10.1.2　Executor 框架的结构与成员

本文将分两部分来介绍 Executor：Executor 的结构和 Executor 框架包含的成员组件。

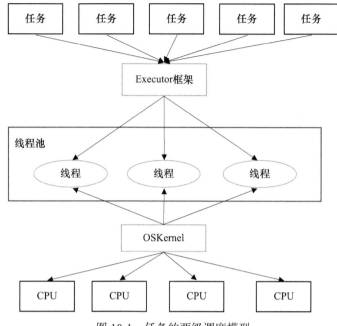

图 10-1　任务的两级调度模型

1. Executor 框架的结构

Executor 框架主要由 3 大部分组成如下。

❑ 任务。包括被执行任务需要实现的接口：Runnable 接口或 Callable 接口。

❑ 任务的执行。包括任务执行机制的核心接口 Executor，以及继承自 Executor 的 ExecutorService 接口。Executor 框架有两个关键类实现了 ExecutorService 接口（ThreadPoolExecutor 和 ScheduledThreadPoolExecutor）。

❑ 异步计算的结果。包括接口 Future 和实现 Future 接口的 FutureTask 类。

Executor 框架包含的主要的类与接口如图 10-2 所示。

下面是这些类和接口的简介。

❑ Executor 是一个接口，它是 Executor 框架的基础，它将任务的提交与任务的执行分离开来。

❑ ThreadPoolExecutor 是线程池的核心实现类，用来执行被提交的任务。

❑ ScheduledThreadPoolExecutor 是一个实现类，可以在给定的延迟后运行命令，或者定期执行命令。ScheduledThreadPoolExecutor 比 Timer 更灵活，功能更强大。

❑ Future 接口和实现 Future 接口的 FutureTask 类，代表异步计算的结果。

❑ Runnable 接口和 Callable 接口的实现类，都可以被 ThreadPoolExecutor 或 Scheduled-ThreadPoolExecutor 执行。

Executor 框架的使用示意图如图 10-3 所示。

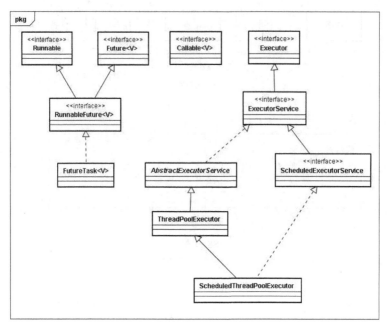

图 10-2　Executor 框架的类与接口

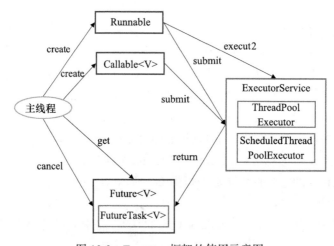

图 10-3　Executor 框架的使用示意图

　　主线程首先要创建实现 Runnable 或者 Callable 接口的任务对象。工具类 Executors 可以把一个 Runnable 对象封装为一个 Callable 对象（Executors.callable（Runnable task）或 Executors.callable（Runnable task，Object resule））。

　　然后可以把 Runnable 对象直接交给 ExecutorService 执行（ExecutorService.execute（Runnable command））；或者也可以把 Runnable 对象或 Callable 对象提交给 ExecutorService 执行（Executor-Service.submit（Runnable task）或 ExecutorService.submit（Callable<T> task））。

如果执行 ExecutorService.submit（…），ExecutorService 将返回一个实现 Future 接口的对象（到目前为止的 JDK 中，返回的是 FutureTask 对象）。由于 FutureTask 实现了 Runnable，程序员也可以创建 FutureTask，然后直接交给 ExecutorService 执行。

最后，主线程可以执行 FutureTask.get() 方法来等待任务执行完成。主线程也可以执行 FutureTask.cancel（boolean mayInterruptIfRunning）来取消此任务的执行。

2. Executor 框架的成员

本节将介绍 Executor 框架的主要成员：ThreadPoolExecutor、ScheduledThreadPoolExecutor、Future 接口、Runnable 接口、Callable 接口和 Executors。

（1）ThreadPoolExecutor

ThreadPoolExecutor 通常使用工厂类 Executors 来创建。Executors 可以创建 3 种类型的 ThreadPoolExecutor：SingleThreadExecutor、FixedThreadPool 和 CachedThreadPool。

下面分别介绍这 3 种 ThreadPoolExecutor。

1）FixedThreadPool。下面是 Executors 提供的，创建使用固定线程数的 FixedThreadPool 的 API。

```
public static ExecutorService newFixedThreadPool(int nThreads)
public static ExecutorService newFixedThreadPool(int nThreads, ThreadFactory
threadFactory)
```

FixedThreadPool 适用于为了满足资源管理的需求，而需要限制当前线程数量的应用场景，它适用于负载比较重的服务器。

2）SingleThreadExecutor。下面是 Executors 提供的，创建使用单个线程的 SingleThread-Executor 的 API。

```
public static ExecutorService newSingleThreadExecutor()
public static ExecutorService newSingleThreadExecutor(ThreadFactory threadFactory)
```

SingleThreadExecutor 适用于需要保证顺序地执行各个任务；并且在任意时间点，不会有多个线程是活动的应用场景。

3）CachedThreadPool。下面是 Executors 提供的，创建一个会根据需要创建新线程的 CachedThreadPool 的 API。

```
public static ExecutorService newCachedThreadPool()
public static ExecutorService newCachedThreadPool(ThreadFactory threadFactory)
```

CachedThreadPool 是大小无界的线程池，适用于执行很多的短期异步任务的小程序，或者是负载较轻的服务器。

（2）ScheduledThreadPoolExecutor

ScheduledThreadPoolExecutor 通常使用工厂类 Executors 来创建。Executors 可以创建 2 种类型的 ScheduledThreadPoolExecutor，如下。

❑ ScheduledThreadPoolExecutor。包含若干个线程的 ScheduledThreadPoolExecutor。

❑ SingleThreadScheduledExecutor。只包含一个线程的 ScheduledThreadPoolExecutor。

下面分别介绍这两种 ScheduledThreadPoolExecutor。

下面是工厂类 Executors 提供的，创建固定个数线程的 ScheduledThreadPoolExecutor 的 API。

```
public static ScheduledExecutorService newScheduledThreadPool(int corePoolSize)
public static ScheduledExecutorService newScheduledThreadPool(int corePoolSize,
ThreadFactory threadFactory)
```

ScheduledThreadPoolExecutor 适用于需要多个后台线程执行周期任务，同时为了满足资源管理的需求而需要限制后台线程的数量的应用场景。下面是 Executors 提供的，创建单个线程的 SingleThreadScheduledExecutor 的 API。

```
public static ScheduledExecutorService newSingleThreadScheduledExecutor()
public static ScheduledExecutorService newSingleThreadScheduledExecutor
(ThreadFactory threadFactory)
```

SingleThreadScheduledExecutor 适用于需要单个后台线程执行周期任务，同时需要保证顺序地执行各个任务的应用场景。

（3）Future 接口

Future 接口和实现 Future 接口的 FutureTask 类用来表示异步计算的结果。当我们把 Runnable 接口或 Callable 接口的实现类提交（submit）给 ThreadPoolExecutor 或 ScheduledThreadPoolExecutor 时，ThreadPoolExecutor 或 ScheduledThreadPoolExecutor 会向我们返回一个 FutureTask 对象。下面是对应的 API。

```
<T> Future<T> submit(Callable<T> task)
<T> Future<T> submit(Runnable task, T result)
Future<?> submit(Runnable task)
```

有一点需要读者注意，到目前最新的 JDK 8 为止，Java 通过上述 API 返回的是一个 FutureTask 对象。但从 API 可以看到，Java 仅仅保证返回的是一个实现了 Future 接口的对象。在将来的 JDK 实现中，返回的可能不一定是 FutureTask。

（4）Runnable 接口和 Callable 接口

Runnable 接口和 Callable 接口的实现类，都可以被 ThreadPoolExecutor 或 ScheduledThreadPoolExecutor 执行。它们之间的区别是 Runnable 不会返回结果，而 Callable 可以返回结果。

除了可以自己创建实现 Callable 接口的对象外，还可以使用工厂类 Executors 来把一个 Runnable 包装成一个 Callable。

下面是 Executors 提供的，把一个 Runnable 包装成一个 Callable 的 API。

```
public static Callable<Object> callable(Runnable task)    // 假设返回对象 Callable1
```

下面是 Executors 提供的，把一个 Runnable 和一个待返回的结果包装成一个 Callable 的 API。

```
public static <T> Callable<T> callable(Runnable task, T result)  //假设返回对象 Callable2
```

前面讲过，当我们把一个 Callable 对象（比如上面的 Callable1 或 Callable2）提交给 ThreadPoolExecutor 或 ScheduledThreadPoolExecutor 执行时，submit（…）会向我们返回一个 FutureTask 对象。我们可以执行 FutureTask.get() 方法来等待任务执行完成。当任务成功完成后 FutureTask.get() 将返回该任务的结果。例如，如果提交的是对象 Callable1，FutureTask.get() 方法将返回 null；如果提交的是对象 Callable2，FutureTask.get() 方法将返回 result 对象。

10.2　ThreadPoolExecutor 详解

Executor 框架最核心的类是 ThreadPoolExecutor，它是线程池的实现类，主要由下列 4 个组件构成。

❑ corePool：核心线程池的大小。

❑ maximumPool：最大线程池的大小。

❑ BlockingQueue：用来暂时保存任务的工作队列。

❑ RejectedExecutionHandler：当 ThreadPoolExecutor 已 经 关 闭 或 ThreadPoolExecutor 已经饱和时（达到了最大线程池大小且工作队列已满），execute() 方法将要调用的 Handler。

❑ 通过 Executor 框架的工具类 Executors，可以创建 3 种类型的 ThreadPoolExecutor。

❑ FixedThreadPool。

❑ SingleThreadExecutor。

❑ CachedThreadPool。

下面将分别介绍这 3 种 ThreadPoolExecutor。

10.2.1　FixedThreadPool 详解

FixedThreadPool 被称为可重用固定线程数的线程池。下面是 FixedThreadPool 的源代码实现。

```
public static ExecutorService newFixedThreadPool(int nThreads) {
    return new ThreadPoolExecutor(nThreads, nThreads,
                                  0L, TimeUnit.MILLISECONDS,
                                  new LinkedBlockingQueue<Runnable>());
}
```

FixedThreadPool 的 corePoolSize 和 maximumPoolSize 都被设置为创建 FixedThreadPool 时指定的参数 nThreads。

当线程池中的线程数大于 corePoolSize 时，keepAliveTime 为多余的空闲线程等待新任务的最长时间，超过这个时间后多余的线程将被终止。这里把 keepAliveTime 设置为 0L，意味着多余的空闲线程会被立即终止。

FixedThreadPool 的 execute() 方法的运行示意图如图 10-4 所示。

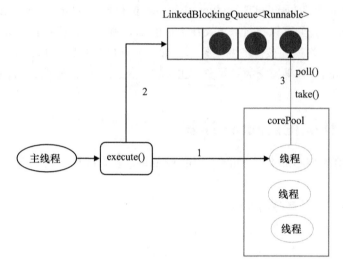

图 10-4　FixedThreadPool 的 execute() 的运行示意图

对图 10-4 的说明如下。

1）如果当前运行的线程数少于 corePoolSize，则创建新线程来执行任务。

2）在线程池完成预热之后（当前运行的线程数等于 corePoolSize），将任务加入 LinkedBlockingQueue。

3）线程执行完 1 中的任务后，会在循环中反复从 LinkedBlockingQueue 获取任务来执行。

FixedThreadPool 使用无界队列 LinkedBlockingQueue 作为线程池的工作队列（队列的容量为 Integer.MAX_VALUE）。使用无界队列作为工作队列会对线程池带来如下影响。

1）当线程池中的线程数达到 corePoolSize 后，新任务将在无界队列中等待，因此线程池中的线程数不会超过 corePoolSize。

2）由于 1，使用无界队列时 maximumPoolSize 将是一个无效参数。

3）由于 1 和 2，使用无界队列时 keepAliveTime 将是一个无效参数。

4）由于使用无界队列，运行中的 FixedThreadPool（未执行方法 shutdown() 或 shutdownNow()）不会拒绝任务（不会调用 RejectedExecutionHandler.rejectedExecution 方法）。

10.2.2　SingleThreadExecutor 详解

SingleThreadExecutor 是使用单个 worker 线程的 Executor。下面是 SingleThreadExecutor 的源代码实现。

```
public static ExecutorService newSingleThreadExecutor() {
    return new FinalizableDelegatedExecutorService
        (new ThreadPoolExecutor(1, 1,
                                0L, TimeUnit.MILLISECONDS,
                                new LinkedBlockingQueue<Runnable>()));
}
```

SingleThreadExecutor 的 corePoolSize 和 maximumPoolSize 被 设 置 为 1。 其 他 参 数 与 FixedThreadPool 相同。SingleThreadExecutor 使用无界队列 LinkedBlockingQueue 作为线程池 的工作队列（队列的容量为 Integer.MAX_VALUE）。SingleThreadExecutor 使用无界队列作为 工作队列对线程池带来的影响与 FixedThreadPool 相同，这里就不赘述了。

SingleThreadExecutor 的运行示意图如图 10-5 所示。

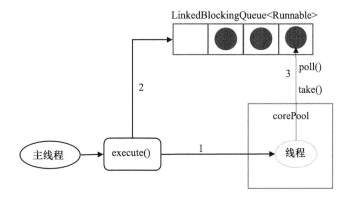

图 10-5　SingleThreadExecutor 的 execute() 的运行示意图

对图 10-5 的说明如下。

1）如果当前运行的线程数少于 corePoolSize（即线程池中无运行的线程），则创建一个新 线程来执行任务。

2）在线程池完成预热之后（当前线程池中有一个运行的线程），将任务加入 Linked-BlockingQueue。

3）线程执行完 1 中的任务后，会在一个无限循环中反复从 LinkedBlockingQueue 获取任 务来执行。

10.2.3　CachedThreadPool 详解

CachedThreadPool 是一个会根据需要创建新线程的线程池。下面是创建 CachedThread-Pool 的源代码。

```
public static ExecutorService newCachedThreadPool() {
    return new ThreadPoolExecutor(0, Integer.MAX_VALUE,
                                  60L, TimeUnit.SECONDS,
                                  new SynchronousQueue<Runnable>());
}
```

CachedThreadPool 的 corePoolSize 被设置为 0，即 corePool 为空；maximumPoolSize 被设置为 Integer.MAX_VALUE，即 maximumPool 是无界的。这里把 keepAliveTime 设置为60L，意味着 CachedThreadPool 中的空闲线程等待新任务的最长时间为 60 秒，空闲线程超过60 秒后将会被终止。

FixedThreadPool 和 SingleThreadExecutor 使用无界队列 LinkedBlockingQueue 作为线程池的工作队列。CachedThreadPool 使用没有容量的 SynchronousQueue 作为线程池的工作队列，但 CachedThreadPool 的 maximumPool 是无界的。这意味着，如果主线程提交任务的速度高于 maximumPool 中线程处理任务的速度时，CachedThreadPool 会不断创建新线程。极端情况下，CachedThreadPool 会因为创建过多线程而耗尽 CPU 和内存资源。

CachedThreadPool 的 execute() 方法的执行示意图如图 10-6 所示。

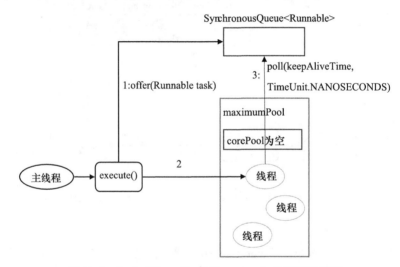

图 10-6　CachedThreadPool 的 execute() 的运行示意图

对图 10-6 的说明如下。

1）首先执行 SynchronousQueue. offer（Runnable task）。如果当前 maximumPool 中有空闲线程正在执行 SynchronousQueue. poll（keepAliveTime，TimeUnit.NANOSECONDS），那么主线程执行 offer 操作与空闲线程执行的 poll 操作配对成功，主线程把任务交给空闲线程执行，execute() 方法执行完成；否则执行下面的步骤 2）。

2）当初始 maximumPool 为空，或者 maximumPool 中当前没有空闲线程时，将没有线程执行 SynchronousQueue. poll（keepAliveTime，TimeUnit.NANOSECONDS）。这种情况下，步骤 1）将失败。此时 CachedThreadPool 会创建一个新线程执行任务，execute() 方法执行完成。

3）在步骤 2）中新创建的线程将任务执行完后，会执行 SynchronousQueue. poll（keepAliveTime，TimeUnit.NANOSECONDS）。这个 poll 操作会让空闲线程最多在

SynchronousQueue 中等待 60 秒钟。如果 60 秒钟内主线程提交了一个新任务（主线程执行步骤 1）），那么这个空闲线程将执行主线程提交的新任务；否则，这个空闲线程将终止。由于空闲 60 秒的空闲线程会被终止，因此长时间保持空闲的 CachedThreadPool 不会使用任何资源。

前面提到过，SynchronousQueue 是一个没有容量的阻塞队列。每个插入操作必须等待另一个线程的对应移除操作，反之亦然。CachedThreadPool 使用 SynchronousQueue，把主线程提交的任务传递给空闲线程执行。CachedThreadPool 中任务传递的示意图如图 10-7 所示。

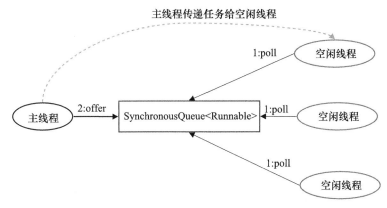

图 10-7　CachedThreadPool 的任务传递示意图

10.3　ScheduledThreadPoolExecutor 详解

ScheduledThreadPoolExecutor 继承自 ThreadPoolExecutor。它主要用来在给定的延迟之后运行任务，或者定期执行任务。ScheduledThreadPoolExecutor 的功能与 Timer 类似，但 ScheduledThreadPoolExecutor 功能更强大、更灵活。Timer 对应的是单个后台线程，而 ScheduledThreadPoolExecutor 可以在构造函数中指定多个对应的后台线程数。

10.3.1　ScheduledThreadPoolExecutor 的运行机制

ScheduledThreadPoolExecutor 的执行示意图（本文基于 JDK 6）如图 10-8 所示。

DelayQueue 是一个无界队列，所以 ThreadPoolExecutor 的 maximumPoolSize 在 Scheduled-ThreadPoolExecutor 中没有什么意义（设置 maximumPoolSize 的大小没有什么效果）。

ScheduledThreadPoolExecutor 的执行主要分为两大部分。

1）当调用 ScheduledThreadPoolExecutor 的 scheduleAtFixedRate() 方法或者 scheduleWith-FixedDelay() 方法时，会向 ScheduledThreadPoolExecutor 的 DelayQueue 添加一个实现了 RunnableScheduledFutur 接口的 ScheduledFutureTask。

2）线程池中的线程从 DelayQueue 中获取 ScheduledFutureTask，然后执行任务。

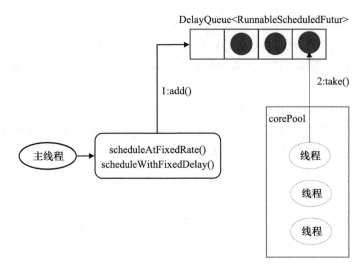

图 10-8　ScheduledThreadPoolExecutor 的任务传递示意图

ScheduledThreadPoolExecutor 为了实现周期性的执行任务，对 ThreadPoolExecutor 做了如下的修改。

❑ 使用 DelayQueue 作为任务队列。

❑ 获取任务的方式不同（后文会说明）。

❑ 执行周期任务后，增加了额外的处理（后文会说明）。

10.3.2　ScheduledThreadPoolExecutor 的实现

前面我们提到过，ScheduledThreadPoolExecutor 会把待调度的任务（ScheduledFutureTask）放到一个 DelayQueue 中。

ScheduledFutureTask 主要包含 3 个成员变量，如下。

❑ long 型成员变量 time，表示这个任务将要被执行的具体时间。

❑ long 型成员变量 sequenceNumber，表示这个任务被添加到 ScheduledThreadPoolExecutor 中的序号。

❑ long 型成员变量 period，表示任务执行的间隔周期。

DelayQueue 封装了一个 PriorityQueue，这个 PriorityQueue 会对队列中的 Scheduled-FutureTask 进行排序。排序时，time 小的排在前面（时间早的任务将被先执行）。如果两个 ScheduledFutureTask 的 time 相同，就比较 sequenceNumber，sequenceNumber 小的排在前面（也就是说，如果两个任务的执行时间相同，那么先提交的任务将被先执行）。

首先，让我们看看 ScheduledThreadPoolExecutor 中的线程执行周期任务的过程。图 10-9 是 ScheduledThreadPoolExecutor 中的线程 1 执行某个周期任务的 4 个步骤。

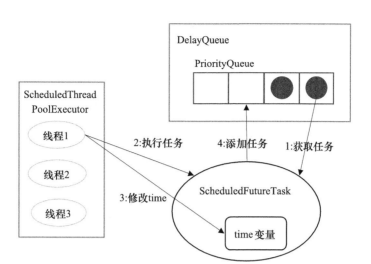

图 10-9 ScheduledThreadPoolExecutor 的任务执行步骤

下面是对这 4 个步骤的说明。

1）线程 1 从 DelayQueue 中获取已到期的 ScheduledFutureTask（DelayQueue. take()）。到期任务是指 ScheduledFutureTask 的 time 大于等于当前时间。

2）线程 1 执行这个 ScheduledFutureTask。

3）线程 1 修改 ScheduledFutureTask 的 time 变量为下次将要被执行的时间。

4）线程 1 把这个修改 time 之后的 ScheduledFutureTask 放回 DelayQueue 中（Delay-Queue. add()）。

接下来，让我们看看上面的步骤 1）获取任务的过程。下面是 DelayQueue. take() 方法的源代码实现。

```java
public E take() throws InterruptedException {
    final ReentrantLock lock = this.lock;
    lock.lockInterruptibly();                                   //1
    try {
        for (;;) {
            E first = q.peek();
            if (first == null) {
                available.await();                             //2.1
            } else {
                long delay =  first.getDelay(TimeUnit.NANOSECONDS);
                if (delay > 0) {
                    long tl = available.awaitNanos(delay);     //2.2
                } else {
                    E x = q.poll();                            //2.3.1
                    assert x != null;
                    if (q.size() != 0)
                        available.signalAll();                 //2.3.2
```

```
                return x;

            }
        }
    }
} finally {
    lock.unlock();                                          // 3
}
}
```

图 10-10 是 DelayQueue.take() 的执行示意图。

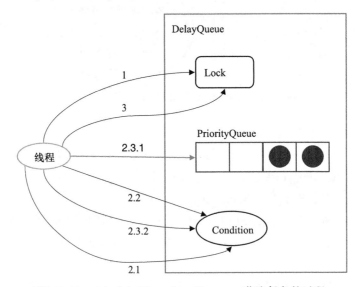

图 10-10　ScheduledThreadPoolExecutor 获取任务的过程

如图所示，获取任务分为 3 大步骤。

1）获取 Lock。

2）获取周期任务。

❑ 如果 PriorityQueue 为空，当前线程到 Condition 中等待；否则执行下面的 2.2。

❑ 如果 PriorityQueue 的头元素的 time 时间比当前时间大，到 Condition 中等待到 time 时间；否则执行下面的 2.3。

❑ 获取 PriorityQueue 的头元素（2.3.1）；如果 PriorityQueue 不为空，则唤醒在 Condition 中等待的所有线程（2.3.2）。

3）释放 Lock。

ScheduledThreadPoolExecutor 在一个循环中执行步骤 2，直到线程从 PriorityQueue 获取到一个元素之后（执行 2.3.1 之后），才会退出无限循环（结束步骤 2）。

最后，让我们看看 ScheduledThreadPoolExecutor 中的线程执行任务的步骤 4，把 ScheduledFutureTask 放入 DelayQueue 中的过程。下面是 DelayQueue.add() 的源代码实现。

```
public boolean offer(E e) {
    final ReentrantLock lock = this.lock;
    lock.lock();                               // 1
    try {
        E first = q.peek();
        q.offer(e);                            // 2.1
        if (first == null || e.compareTo(first) < 0)
            available.signalAll();             // 2.2
        return true;
    } finally {
        lock.unlock();                         // 3
    }
}
```

图 10-11 是 DelayQueue. add() 的执行示意图。

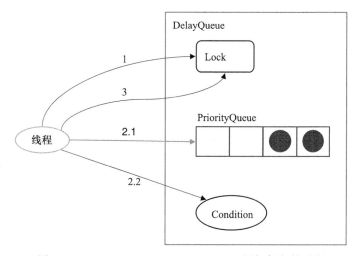

图 10-11　ScheduledThreadPoolExecutor 添加任务的过程

如图所示，添加任务分为 3 大步骤。

1）获取 Lock。

2）添加任务。

❑ 向 PriorityQueue 添加任务。

❑ 如果在上面 2.1 中添加的任务是 PriorityQueue 的头元素，唤醒在 Condition 中等待的所有线程。

3）释放 Lock。

10.4　FutureTask 详解

Future 接口和实现 Future 接口的 FutureTask 类，代表异步计算的结果。

10.4.1 FutureTask 简介

FutureTask 除了实现 Future 接口外，还实现了 Runnable 接口。因此，FutureTask 可以交给 Executor 执行，也可以由调用线程直接执行（FutureTask.run()）。根据 FutureTask.run() 方法被执行的时机，FutureTask 可以处于下面 3 种状态。

1）未启动。FutureTask.run() 方法还没有被执行之前，FutureTask 处于未启动状态。当创建一个 FutureTask，且没有执行 FutureTask.run() 方法之前，这个 FutureTask 处于未启动状态。

2）已启动。FutureTask.run() 方法被执行的过程中，FutureTask 处于已启动状态。

3）已完成。FutureTask.run() 方法执行完后正常结束，或被取消（FutureTask.cancel(…)），或执行 FutureTask.run() 方法时抛出异常而异常结束，FutureTask 处于已完成状态。

图 10-12 是 FutureTask 的状态迁移的示意图。

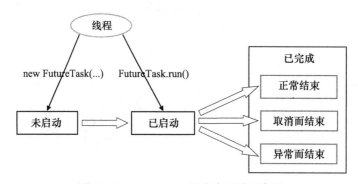

图 10-12　FutureTask 的状态迁移示意图

当 FutureTask 处于未启动或已启动状态时，执行 FutureTask.get() 方法将导致调用线程阻塞；当 FutureTask 处于已完成状态时，执行 FutureTask.get() 方法将导致调用线程立即返回结果或抛出异常。

当 FutureTask 处于未启动状态时，执行 FutureTask.cancel() 方法将导致此任务永远不会被执行；当 FutureTask 处于已启动状态时，执行 FutureTask.cancel（true）方法将以中断执行此任务线程的方式来试图停止任务；当 FutureTask 处于已启动状态时，执行 FutureTask.cancel（false）方法将不会对正在执行此任务的线程产生影响（让正在执行的任务运行完成）；当 FutureTask 处于已完成状态时，执行 FutureTask.cancel（…）方法将返回 false。

图 10-13 是 get 方法和 cancel 方法的执行示意图。

10.4.2 FutureTask 的使用

可以把 FutureTask 交给 Executor 执行；也可以通过 ExecutorService.submit（…）方法返回一个 FutureTask，然后执行 FutureTask.get() 方法或 FutureTask.cancel（…）方法。除此以外，还可以单独使用 FutureTask。

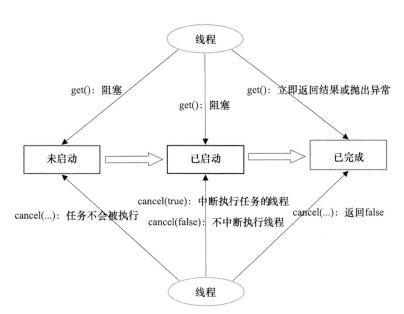

图 10-13　FutureTask 的 get 和 cancel 的执行示意图

当一个线程需要等待另一个线程把某个任务执行完后它才能继续执行，此时可以使用
FutureTask。假设有多个线程执行若干任务，每个任务最多只能被执行一次。当多个线程试
图同时执行同一个任务时，只允许一个线程执行任务，其他线程需要等待这个任务执行完后
才能继续执行。下面是对应的示例代码。

```
private final ConcurrentMap<Object, Future<String>> taskCache =
        new ConcurrentHashMap<Object, Future<String>>();

private String executionTask(final String taskName)
        throws ExecutionException, InterruptedException {
    while (true) {
        Future<String> future = taskCache.get(taskName);        //1.1,2.1
        if (future == null) {
            Callable<String> task = new Callable<String>() {
                public String call() throws InterruptedException {
                    return taskName;
                }
            };
            //1.2 创建任务
            FutureTask<String> futureTask = new FutureTask<String>(task);
            future = taskCache.putIfAbsent(taskName, futureTask);//1.3
            if (future == null) {
                future = futureTask;
                futureTask.run();                               //1.4 执行任务
            }
        }

        try {
```

```
        return future.get();              // 1.5,2.2 线程在此等待任务执行完成
    } catch (CancellationException e) {
        taskCache.remove(taskName, future);
    }
  }
}
```

上述代码的执行示意图如图 10-14 所示。

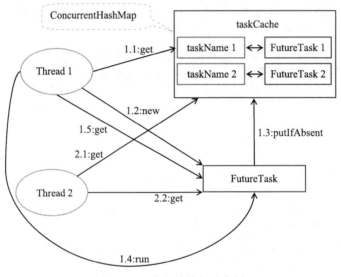

图 10-14　代码的执行示意图

当两个线程试图同时执行同一个任务时，如果 Thread 1 执行 1.3 后 Thread 2 执行 2.1，那么接下来 Thread 2 将在 2.2 等待，直到 Thread 1 执行完 1.4 后 Thread 2 才能从 2.2（FutureTask.get()）返回。

10.4.3　FutureTask 的实现

FutureTask 的实现基于 AbstractQueuedSynchronizer（以下简称为 AQS）。java.util. concurrent 中的很多可阻塞类（比如 ReentrantLock）都是基于 AQS 来实现的。AQS 是一个同步框架，它提供通用机制来原子性管理同步状态、阻塞和唤醒线程，以及维护被阻塞线程的队列。JDK 6 中 AQS 被广泛使用，基于 AQS 实现的同步器包括：ReentrantLock、Semaphore、ReentrantReadWriteLock、CountDownLatch 和 FutureTask。

每一个基于 AQS 实现的同步器都会包含两种类型的操作，如下。

❑ 至少一个 acquire 操作。这个操作阻塞调用线程，除非 / 直到 AQS 的状态允许这个线程继续执行。FutureTask 的 acquire 操作为 get()/get（long timeout，TimeUnit unit）方法调用。

❑ 至少一个 release 操作。这个操作改变 AQS 的状态，改变后的状态可允许一个或多个阻塞线程被解除阻塞。FutureTask 的 release 操作包括 run() 方法和 cancel（…）方法。

基于"复合优先于继承"的原则，FutureTask 声明了一个内部私有的继承于 AQS 的子类 Sync，对 FutureTask 所有公有方法的调用都会委托给这个内部子类。

AQS 被作为"模板方法模式"的基础类提供给 FutureTask 的内部子类 Sync，这个内部子类只需要实现状态检查和状态更新的方法即可，这些方法将控制 FutureTask 的获取和释放操作。具体来说，Sync 实现了 AQS 的 tryAcquireShared（int）方法和 tryReleaseShared（int）方法，Sync 通过这两个方法来检查和更新同步状态。

FutureTask 的设计示意图如图 10-15 所示。

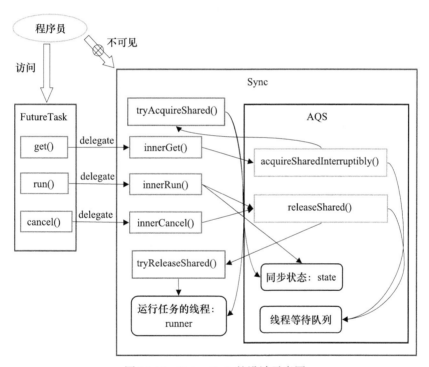

图 10-15　FutureTask 的设计示意图

如图所示，Sync 是 FutureTask 的内部私有类，它继承自 AQS。创建 FutureTask 时会创建内部私有的成员对象 Sync，FutureTask 所有的的公有方法都直接委托给了内部私有的 Sync。

FutureTask.get() 方法会调用 AQS.acquireSharedInterruptibly（int arg）方法，这个方法的执行过程如下。

1）调用 AQS.acquireSharedInterruptibly（int arg）方法，这个方法首先会回调在子类 Sync 中实现的 tryAcquireShared() 方法来判断 acquire 操作是否可以成功。acquire 操作可以成

功的条件为：state 为执行完成状态 RAN 或已取消状态 CANCELLED，且 runner 不为 null。

2）如果成功则 get() 方法立即返回。如果失败则到线程等待队列中去等待其他线程执行 release 操作。

3）当其他线程执行 release 操作（比如 FutureTask.run() 或 FutureTask.cancel（…））唤醒当前线程后，当前线程再次执行 tryAcquireShared() 将返回正值 1，当前线程将离开线程等待队列并唤醒它的后继线程（这里会产生级联唤醒的效果，后面会介绍）。

4）最后返回计算的结果或抛出异常。

FutureTask.run() 的执行过程如下。

1）执行在构造函数中指定的任务（Callable.call()）。

2）以原子方式来更新同步状态（调用 AQS.compareAndSetState（int expect，int update），设置 state 为执行完成状态 RAN）。如果这个原子操作成功，就设置代表计算结果的变量 result 的值为 Callable.call() 的返回值，然后调用 AQS.releaseShared（int arg）。

3）AQS. releaseShared（int arg）首先会回调在子类 Sync 中实现的 tryReleaseShared（arg）来执行 release 操作（设置运行任务的线程 runner 为 null，然会返回 true）；AQS.releaseShared（int arg），然后唤醒线程等待队列中的第一个线程。

4）调用 FutureTask.done()。

当执行 FutureTask.get() 方法时，如果 FutureTask 不是处于执行完成状态 RAN 或已取消状态 CANCELLED，当前执行线程将到 AQS 的线程等待队列中等待（见下图的线程 A、B、C 和 D）。当某个线程执行 FutureTask.run() 方法或 FutureTask.cancel（...）方法时，会唤醒线程等待队列的第一个线程（见图 10-16 所示的线程 E 唤醒线程 A）。

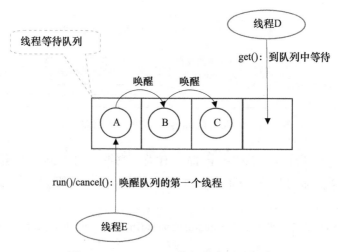

图 10-16　FutureTask 的级联唤醒示意图

假设开始时 FutureTask 处于未启动状态或已启动状态，等待队列中已经有 3 个线程（A、

B 和 C）在等待。此时，线程 D 执行 get() 方法将导致线程 D 也到等待队列中去等待。

　　当线程 E 执行 run() 方法时，会唤醒队列中的第一个线程 A。线程 A 被唤醒后，首先把自己从队列中删除，然后唤醒它的后继线程 B，最后线程 A 从 get() 方法返回。线程 B、C 和 D 重复 A 线程的处理流程。最终，在队列中等待的所有线程都被级联唤醒并从 get() 方法返回。

10.5　本章小结

　　本章介绍了 Executor 框架的整体结构和成员组件。希望读者阅读本章之后，能够对 Executor 框架有一个比较深入的理解，同时也希望本章内容有助于读者更熟练地使用 Executor 框架。

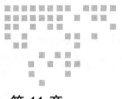

Chapter 11 第 11 章

Java 并发编程实践

当你在进行并发编程时，看着程序的执行速度在自己的优化下运行得越来越快，你会觉得越来越有成就感，这就是并发编程的魅力。但与此同时，并发编程产生的问题和风险可能也会随之而来。本章先介绍几个并发编程的实战案例，然后再介绍如何排查并发编程造成的问题。

11.1 生产者和消费者模式

在并发编程中使用生产者和消费者模式能够解决绝大多数并发问题。该模式通过平衡生产线程和消费线程的工作能力来提高程序整体处理数据的速度。

在线程世界里，生产者就是生产数据的线程，消费者就是消费数据的线程。在多线程开发中，如果生产者处理速度很快，而消费者处理速度很慢，那么生产者就必须等待消费者处理完，才能继续生产数据。同样的道理，如果消费者的处理能力大于生产者，那么消费者就必须等待生产者。为了解决这种生产消费能力不均衡的问题，便有了生产者和消费者模式。

什么是生产者和消费者模式

生产者和消费者模式是通过一个容器来解决生产者和消费者的强耦合问题。生产者和消费者彼此之间不直接通信，而是通过阻塞队列来进行通信，所以生产者生产完数据之后不用等待消费者处理，直接扔给阻塞队列，消费者不找生产者要数据，而是直接从阻塞队列里取，阻塞队列就相当于一个缓冲区，平衡了生产者和消费者的处理能力。

　　这个阻塞队列就是用来给生产者和消费者解耦的。纵观大多数设计模式，都会找一个第三者出来进行解耦，如工厂模式的第三者是工厂类，模板模式的第三者是模板类。在学习一些设计模式的过程中，先找到这个模式的第三者，能帮助我们快速熟悉一个设计模式。

11.1.1　生产者消费者模式实战

　　我和同事一起利用业余时间开发的 Yuna 工具中使用了生产者和消费者模式。我先介绍下 Yuna [⊖]工具，在阿里巴巴很多同事都喜欢通过邮件分享技术文章，因为通过邮件分享很方便，大家在网上看到好的技术文章，执行复制→粘贴→发送就完成了一次分享，但是我发现技术文章不能沉淀下来，新来的同事看不到以前分享的技术文章，大家也很难找到以前分享过的技术文章。为了解决这个问题，我们开发了一个 Yuna 工具。

　　我们申请了一个专门用来收集分享邮件的邮箱，比如 share@alibaba.com，大家将分享的文章发送到这个邮箱，让大家每次都抄送到这个邮箱肯定很麻烦，所以我们的做法是将这个邮箱地址放在部门邮件列表里，所以分享的同事只需要和以前一样向整个部门分享文章就行。Yuna 工具通过读取邮件服务器里该邮箱的邮件，把所有分享的邮件下载下来，包括邮件的附件、图片和邮件回复。因为我们可能会从这个邮箱里下载到一些非分享的文章，所以我们要求分享的邮件标题必须带有一个关键字，比如"内贸技术分享"。下载完邮件之后，通过 confluence 的 Web Service 接口，把文章插入到 confluence 里，这样新同事就可以在 confluence 里看以前分享过的文章了，并且 Yuna 工具还可以自动把文章进行分类和归档。

　　为了快速上线该功能，当时我们花了 3 天业余时间快速开发了 Yuna 1.0 版本。在 1.0 版本中并没有使用生产者消费模式，而是使用单线程来处理，因为当时只需要处理我们一个部门的邮件，所以以单线程明显够用，整个过程是串行执行的。在一个线程里，程序先抽取全部的邮件，转化为文章对象，然后添加全部的文章，最后删除抽取过的邮件。代码如下。

```
public void extract() {
        logger.debug("开始 " + getExtractorName() + "。。");
        // 抽取邮件
        List<Article> articles = extractEmail();
        // 添加文章
        for (Article article : articles) {
            addArticleOrComment(article);
        }
        // 清空邮件
        cleanEmail();
        logger.debug(" 完成 " + getExtractorName() + "。。");
    }
```

　⊖　Yuna 取名自我非常喜欢的一款 RPG 游戏《最终幻想》中女主角的名字。

Yuna 工具在推广后，越来越多的部门使用这个工具，处理的时间越来越慢，Yuna 是每隔 5 分钟进行一次抽取的，而当邮件多的时候一次处理可能就花了几分钟，于是我在 Yuna 2.0 版本里使用了生产者消费者模式来处理邮件，首先生产者线程按一定的规则去邮件系统里抽取邮件，然后存放在阻塞队列里，消费者从阻塞队列里取出文章后插入到 conflunce 里。代码如下。

```
public class QuickEmailToWikiExtractor extends AbstractExtractor {

private ThreadPoolExecutor        threadsPool;

private ArticleBlockingQueue<ExchangeEmailShallowDTO> emailQueue;

public QuickEmailToWikiExtractor() {
        emailQueue= new ArticleBlockingQueue<ExchangeEmailShallowDTO>();
        int corePoolSize = Runtime.getRuntime().availableProcessors() * 2;
        threadsPool = new ThreadPoolExecutor(corePoolSize, corePoolSize, 101, TimeUnit.
SECONDS,
                new LinkedBlockingQueue<Runnable>(2000));

    }

public void extract() {
        logger.debug("开始" + getExtractorName() + "。。");
        long start = System.currentTimeMillis();

        // 抽取所有邮件放到队列里
        new ExtractEmailTask().start();

        // 把队列里的文章插入到 Wiki
        insertToWiki();

        long end = System.currentTimeMillis();
        double cost = (end - start) / 1000;
        logger.debug("完成" + getExtractorName() + ", 花费时间: " + cost + "秒");
    }

    /**
     * 把队列里的文章插入到 Wiki
     */
    private void insertToWiki() {
        // 登录 Wiki, 每间隔一段时间需要登录一次
        confluenceService.login(RuleFactory.USER_NAME, RuleFactory.PASSWORD);

        while (true) {
            // 2 秒内取不到就退出
            ExchangeEmailShallowDTO email = emailQueue.poll(2, TimeUnit.SECONDS);
            if (email == null) {
                break;
            }
```

```
        threadsPool.submit(new insertToWikiTask(email));
    }
}

protected List<Article> extractEmail() {
    List<ExchangeEmailShallowDTO> allEmails = getEmailService().queryAllEmails();
    if (allEmails == null) {
        return null;
    }
    for (ExchangeEmailShallowDTO exchangeEmailShallowDTO : allEmails) {
        emailQueue.offer(exchangeEmailShallowDTO);
    }
    return null;
}

/**
 * 抽取邮件任务
 *
 * @author tengfei.fangtf
 */
public class ExtractEmailTask extends Thread {
    public void run() {
        extractEmail();
    }
}
}
```

代码的执行逻辑是，生产者启动一个线程把所有邮件全部抽取到队列中，消费者启动 CPU*2 个线程数处理邮件，从之前的单线程处理邮件变成了现在的多线程处理，并且抽取邮件的线程不需要等处理邮件的线程处理完再抽取新邮件，所以使用了生产者和消费者模式后，邮件的整体处理速度比以前要快了几倍。

11.1.2　多生产者和多消费者场景

在多核时代，多线程并发处理速度比单线程处理速度更快，所以可以使用多个线程来生产数据，同样可以使用多个消费线程来消费数据。而更复杂的情况是，消费者消费的数据，有可能需要继续处理，于是消费者处理完数据之后，它又要作为生产者把数据放在新的队列里，交给其他消费者继续处理，如图 11-1 所示。

我们在一个长连接服务器中使用了这种模式，生产者 1 负责将所有客户端发送的消

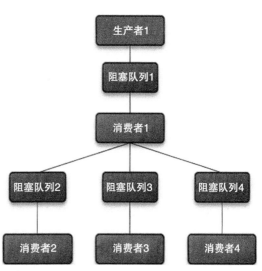

图 11-1　多生产者消费者模式

息存放在阻塞队列 1 里，消费者 1 从队列里读消息，然后通过消息 ID 进行散列得到 N 个队列中的一个，然后根据编号将消息存放在到不同的队列里，每个阻塞队列会分配一个线程来消费阻塞队列里的数据。如果消费者 2 无法消费消息，就将消息再抛回到阻塞队列 1 中，交给其他消费者处理。

以下是消息总队列的代码。

```java
/**
 * 总消息队列管理
 *
 * @author tengfei.fangtf
 */
public class MsgQueueManager implements IMsgQueue{

    private static final Logger              LOGGER
  = LoggerFactory.getLogger(MsgQueueManager.class);

    /**
     * 消息总队列
     */
    public final BlockingQueue<Message> messageQueue;

    private MsgQueueManager() {
        messageQueue = new LinkedTransferQueue<Message>();
    }

    public void put(Message msg) {
        try {
            messageQueue.put(msg);
        } catch (InterruptedException e) {
            Thread.currentThread().interrupt();
        }
    }

    public Message take() {
        try {
            return messageQueue.take();
        } catch (InterruptedException e) {
            Thread.currentThread().interrupt();
        }
        return null;
    }

}
```

启动一个消息分发线程。在这个线程里子队列自动去总队列里获取消息。

```java
/**
     * 分发消息，负责把消息从大队列塞到小队列里
     *
     * @author tengfei.fangtf
```

```
        */
    static class DispatchMessageTask implements Runnable {
        @Override
        public void run() {
            BlockingQueue<Message> subQueue;
            for (;;) {
                // 如果没有数据，则阻塞在这里
                Message msg = MsgQueueFactory.getMessageQueue().take();
                // 如果为空，则表示没有 Session 机器连接上来，
                // 需要等待，直到有 Session 机器连接上来
                while ((subQueue = getInstance().getSubQueue()) == null) {
                    try {
                        Thread.sleep(1000);
                    } catch (InterruptedException e) {
                        Thread.currentThread().interrupt();
                    }
                }
                // 把消息放到小队列里
                try {
                    subQueue.put(msg);
                } catch (InterruptedException e) {
                    Thread.currentThread().interrupt();
                }
            }
        }
    }
```

使用散列（hash）算法获取一个子队列，代码如下。

```
/**
 * 均衡获取一个子队列。
 *
 * @return
 */
public BlockingQueue<Message> getSubQueue() {
    int errorCount = 0;
    for (;;) {
        if (subMsgQueues.isEmpty()) {
            return null;
        }
        int index = (int) (System.nanoTime() % subMsgQueues.size());
        try {
            return subMsgQueues.get(index);
        } catch (Exception e) {
            // 出现错误表示，在获取队列大小之后，队列进行了一次删除操作
            LOGGER.error("获取子队列出现错误", e);
            if ((++errorCount) < 3) {
                continue;
            }
        }
    }
}
```

使用的时候，只需要往总队列里发消息。

```
// 往消息队列里添加一条消息
        IMsgQueue messageQueue = MsgQueueFactory.getMessageQueue();
        Packet msg = Packet.createPacket(Packet64FrameType.
          TYPE_DATA, "{}".getBytes(), (short) 1);
        messageQueue.put(msg);
```

11.1.3　线程池与生产消费者模式

Java 中的线程池类其实就是一种生产者和消费者模式的实现方式，但是我觉得其实现方式更加高明。生产者把任务丢给线程池，线程池创建线程并处理任务，如果将要运行的任务数大于线程池的基本线程数就把任务扔到阻塞队列里，这种做法比只使用一个阻塞队列来实现生产者和消费者模式显然要高明很多，因为消费者能够处理直接就处理掉了，这样速度更快，而生产者先存，消费者再取这种方式显然慢一些。

我们的系统也可以使用线程池来实现多生产者和消费者模式。例如，创建 N 个不同规模的 Java 线程池来处理不同性质的任务，比如线程池 1 将数据读到内存之后，交给线程池 2 里的线程继续处理压缩数据。线程池 1 主要处理 IO 密集型任务，线程池 2 主要处理 CPU 密集型任务。

本节讲解了生产者和消费者模式，并给出了实例。读者可以在平时的工作中思考一下哪些场景可以使用生产者消费者模式，我相信这种场景应该非常多，特别是需要处理任务时间比较长的场景，比如上传附件并处理，用户把文件上传到系统后，系统把文件丢到队列里，然后立刻返回告诉用户上传成功，最后消费者再去队列里取出文件处理。再如，调用一个远程接口查询数据，如果远程服务接口查询时需要几十秒的时间，那么它可以提供一个申请查询的接口，这个接口把要申请查询任务放数据库中，然后该接口立刻返回。然后服务器端用线程轮询并获取申请任务进行处理，处理完之后发消息给调用方，让调用方再来调用另外一个接口取数据。

11.2　线上问题定位

有时候，有很多问题只有在线上或者预发环境才能发现，而线上又不能调试代码，所以线上问题定位就只能看日志、系统状态和 dump 线程，本节只是简单地介绍一些常用的工具，以帮助大家定位线上问题。

1）在 Linux 命令行下使用 TOP 命令查看每个进程的情况，显示如下。

```
top - 22:27:25 up 463 days, 12:46, 1 user, load average: 11.80, 12.19, 11.79
 Tasks: 113 total, 5 running, 108 sleeping, 0 stopped, 0 zombie
 Cpu(s): 62.0%us, 2.8%sy, 0.0%ni, 34.3%id, 0.0%wa, 0.0%hi, 0.7%si, 0.2%st
 Mem: 7680000k total, 7665504k used, 14496k free, 97268k buffers
 Swap: 2096472k total, 14904k used, 2081568k free, 3033060k cached
```

```
PID USER PR NI VIRT RES SHR S %CPU %MEM TIME+ COMMAND
31177 admin 18 0 5351m 4.0g 49m S 301.4 54.0 935:02.08 java
31738 admin 15 0 36432 12m 1052 S 8.7 0.2 11:21.05 nginx-proxy
```

我们的程序是 Java 应用，所以只需要关注 COMMAND 是 Java 的性能数据，COMMAND 表示启动当前进程的命令，在 Java 进程这一行里可以看到 CPU 利用率是 300%，不用担心，这个是当前机器所有核加在一起的 CPU 利用率。

2）再使用 top 的交互命令数字 1 查看每个 CPU 的性能数据。

```
top - 22:24:50 up 463 days, 12:43, 1 user, load average: 12.55, 12.27, 11.73
Tasks: 110 total, 3 running, 107 sleeping, 0 stopped, 0 zombie
Cpu0 : 72.4%us, 3.6%sy, 0.0%ni, 22.7%id, 0.0%wa, 0.0%hi, 0.7%si, 0.7%st
Cpu1 : 58.7%us, 4.3%sy, 0.0%ni, 34.3%id, 0.0%wa, 0.0%hi, 2.3%si, 0.3%st
Cpu2 : 53.3%us, 2.6%sy, 0.0%ni, 34.1%id, 0.0%wa, 0.0%hi, 9.6%si, 0.3%st
Cpu3 : 52.7%us, 2.7%sy, 0.0%ni, 25.2%id, 0.0%wa, 0.0%hi, 19.5%si, 0.0%st
Cpu4 : 59.5%us, 2.7%sy, 0.0%ni, 31.2%id, 0.0%wa, 0.0%hi, 6.6%si, 0.0%st
Mem: 7680000k total, 7663152k used, 16848k free, 98068k buffers
Swap: 2096472k total, 14904k used, 2081568k free, 3032636k cached
```

命令行显示了 CPU4，说明这是一个 5 核的虚拟机，平均每个 CPU 利用率在 60% 以上。如果这里显示 CPU 利用率 100%，则很有可能程序里写了一个死循环。这些参数的含义，可以对比表 11-1 来查看。

表 11-1　CPU 参数含义

参　　数	描　　述
us	用户空间占用 CPU 百分比
1.0% sy	内核空间占用 CPU 百分比
0.0% ni	用户进程空间内改变过优先级的进程占用 CPU 百分比
98.7% id	空闲 CPU 百分比
0.0% wa	等待输入 / 输出的 CPU 时间百分比

3）使用 top 的交互命令 H 查看每个线程的性能信息。

```
  PID USER      PR  NI   VIRT  RES   SHR S %CPU %MEM    TIME+   COMMAND
31558 admin     15   0  5351m 4.0g  49m S 12.2 54.0  10:08.31 java
31561 admin     15   0  5351m 4.0g  49m R 12.2 54.0   9:45.43 java
31626 admin     15   0  5351m 4.0g  49m S 11.9 54.0  13:50.21 java
31559 admin     15   0  5351m 4.0g  49m S 10.9 54.0   5:34.67 java
31612 admin     15   0  5351m 4.0g  49m S 10.6 54.0   8:42.77 java
31555 admin     15   0  5351m 4.0g  49m S 10.3 54.0  13:00.55 java
31630 admin     15   0  5351m 4.0g  49m R 10.3 54.0   4:00.75 java
31646 admin     15   0  5351m 4.0g  49m S 10.3 54.0   3:19.92 java
31653 admin     15   0  5351m 4.0g  49m S 10.3 54.0   8:52.90 java
31607 admin     15   0  5351m 4.0g  49m S  9.9 54.0  14:37.82 java
```

在这里可能会出现 3 种情况。

- □ 第一种情况，某个线程 CPU 利用率一直 100%，则说明是这个线程有可能有死循环，那么请记住这个 PID。
- □ 第二种情况，某个线程一直在 TOP 10 的位置，这说明这个线程可能有性能问题。
- □ 第三种情况，CPU 利用率高的几个线程在不停变化，说明并不是由某一个线程导致 CPU 偏高。

如果是第一种情况，也有可能是 GC 造成，可以用 jstat 命令看一下 GC 情况，看看是不是因为持久代或年老代满了，产生 Full GC，导致 CPU 利用率持续飙高，命令和回显如下。

```
sudo /opt/java/bin/jstat -gcutil 31177 1000 5
S0 S1 E O P YGC YGCT FGC FGCT GCT
0.00 1.27 61.30 55.57 59.98 16040 143.775 30 77.692 221.467
0.00 1.27 95.77 55.57 59.98 16040 143.775 30 77.692 221.467
1.37 0.00 33.21 55.57 59.98 16041 143.781 30 77.692 221.474
1.37 0.00 74.96 55.57 59.98 16041 143.781 30 77.692 221.474
0.00 1.59 22.14 55.57 59.98 16042 143.789 30 77.692 221.481
```

还可以把线程 dump 下来，看看究竟是哪个线程、执行什么代码造成的 CPU 利用率高。执行以下命令，把线程 dump 到文件 dump17 里。执行如下命令。

```
sudo -u admin /opt/taobao/java/bin/jstack  31177 > /home/tengfei.fangtf/dump17
```

dump 出来内容的类似下面内容。

```
"http-0.0.0.0-7001-97" daemon prio=10 tid=0x000000004f6a8000 nid=0x555e in Object.
wait() [0x0000000052423000]
    java.lang.Thread.State: WAITING (on object monitor)
        at java.lang.Object.wait(Native Method)
        - waiting on  (a org.apache.tomcat.util.net.AprEndpoint$Worker)
        at java.lang.Object.wait(Object.java:485)
        at org.apache.tomcat.util.net.AprEndpoint$Worker.await(AprEndpoint.java:1464)
        - locked  (a org.apache.tomcat.util.net.AprEndpoint$Worker)
        at org.apache.tomcat.util.net.AprEndpoint$Worker.run(AprEndpoint.java:1489)
        at java.lang.Thread.run(Thread.java:662)
```

dump 出来的线程 ID（nid）是十六进制的，而我们用 TOP 命令看到的线程 ID 是十进制的，所以要用 printf 命令转换一下进制。然后用十六进制的 ID 去 dump 里找到对应的线程。

```
printf "%x\n" 31558
```

输出：7b46。

11.3 性能测试

因为要支持某个业务，有同事向我们提出需求，希望系统的某个接口能够支持 2 万的 QPS，因为我们的应用部署在多台机器上，要支持两万的 QPS，我们必须先要知道该接口在单机上能支持多少 QPS，如果单机能支持 1 千 QPS，我们需要 20 台机器才能支持 2 万的 QPS。需要注意的是，要支持的 2 万的 QPS 必须是峰值，而不能是平均值，比如一天当中有 23 个小时 QPS 不足 1 万，只有一个小时的 QPS 达到了 2 万，我们的系统也要支持 2 万的 QPS。

我们先进行性能测试。我们使用公司同事开发的性能测试工具进行测试，该工具的原理是，用户写一个 Java 程序向服务器端发起请求，这个工具会启动一个线程池来调度这些任务，可以配置同时启动多少个线程、发起请求次数和任务间隔时长。将这个程序部署在多台机器上执行，统计出 QPS 和响应时长。我们在 10 台机器上部署了这个测试程序，每台机器启动了 100 个线程进行测试，压测时长为半小时。注意不能压测线上机器，我们压测的是开发服务器。

测试开始后，首先登录到服务器里查看当前有多少台机器在压测服务器，因为程序的端口是 12 200，所以使用 netstat 命令查询有多少台机器连接到这个端口上。命令如下。

```
$ netstat -nat | grep 12200 -c
10
```

通过这个命令可以知道已经有 10 台机器在压测服务器。QPS 达到了 1400，程序开始报错获取不到数据库连接，因为我们的数据库端口是 3306，用 netstat 命令查看已经使用了多少个数据库连接。命令如下。

```
$ netstat -nat | grep 3306 -c
12
```

增加数据库连接到 20，QPS 没上去，但是响应时长从平均 1000 毫秒下降到 700 毫秒，使用 TOP 命令观察 CPU 利用率，发现已经 90% 多了，于是升级 CPU，将 2 核升级成 4 核，和线上的机器保持一致。再进行压测，CPU 利用率下去了达到了 75%，QPS 上升到了 1800。执行一段时间后响应时长稳定在 200 毫秒。

增加应用服务器里线程池的核心线程数和最大线程数到 1024，通过 ps 命令查看下线程数是否增长了，执行的命令如下。

```
$ ps -eLf | grep java -c
1520
```

再次压测，QPS 并没有明显的增长，单机 QPS 稳定在 1800 左右，响应时长稳定在 200 毫秒。

我在性能测试之前先优化了程序的 SQL 语句。使用了如下命令统计执行最慢的 SQL，左边的是执行时长，单位是毫秒，右边的是执行的语句，可以看到系统执行最慢的 SQL 是 queryNews 和 queryNewIds，优化到几十毫秒。

```
$ grep Y /home/admin/logs/xxx/monitor/dal-rw-monitor.log |awk -F',' '{print $7$5}' |
sort -nr|head -20
1811 queryNews
1764 queryNews
```

```
1740 queryNews
1697 queryNews
679 queryNewIds
```

性能测试中使用的其他命令

1）查看网络流量。

```
$ cat /proc/net/dev
Inter-| Receive | Transmit
face |bytes packets errs drop fifo frame compressed multicast|bytes packets
errs drop fifo colls carrier compressed
lo:242953548208 231437133 0 0 0 0 0 242953548208 231437133 0 0 0 0 0 0
eth0:153060432504 446365779 0 0 0 0 0 108596061848 479947142 0 0 0 0 0 0
bond0:153060432504 446365779 0 0 0 0 0 108596061848 479947142 0 0 0 0 0 0
```

2）查看系统平均负载。

```
$ cat /proc/loadavg
0.00 0.04 0.85 1/1266 22459
```

3）查看系统内存情况。

```
$ cat /proc/meminfo
MemTotal: 4106756 kB
MemFree: 71196 kB
Buffers: 12832 kB
Cached: 2603332 kB
SwapCached: 4016 kB
Active: 2303768 kB
Inactive: 1507324 kB
Active(anon): 996100 kB
部分省略
```

4）查看 CPU 的利用率。

```
cat /proc/stat
cpu 167301886 6156 331902067 17552830039 8645275 13082 1044952 33931469 0
cpu0 45406479 1992 75489851 4410199442 7321828 12872 688837 5115394 0
cpu1 39821071 1247 132648851 4319596686 379255 67 132447 11365141 0
cpu2 40912727 1705 57947971 4418978718 389539 78 110994 8342835 0
cpu3 41161608 1211 65815393 4404055191 554651 63 112672 9108097 0
```

11.4 异步任务池

　　Java 中的线程池设计得非常巧妙，可以高效并发执行多个任务，但是在某些场景下需要对线程池进行扩展才能更好地服务于系统。例如，如果一个任务仍进线程池之后，运行线程池的程序重启了，那么线程池里的任务就会丢失。另外，线程池只能处理本机的任务，在集群环境下不能有效地调度所有机器的任务。所以，需要结合线程池开发一个异步任务处理池。图 11-2 为异步任务池设计图。

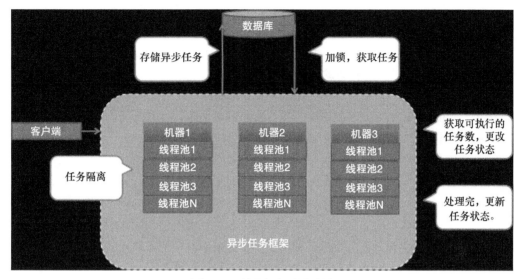

图 11-2　异步任务池设计图

任务池的主要处理流程是，每台机器会启动一个任务池，每个任务池里有多个线程池，当某台机器将一个任务交给任务池后，任务池会先将这个任务保存到数据中，然后某台机器上的任务池会从数据库中获取待执行的任务，再执行这个任务。

每个任务有几种状态，分别是创建（NEW）、执行中（EXECUTING）、RETRY（重试）、挂起（SUSPEND）、中止（TEMINER）和执行完成（FINISH）。

- □ 创建：提交给任务池之后的状态。
- □ 执行中：任务池从数据库中拿到任务执行时的状态。
- □ 重试：当执行任务时出现错误，程序显式地告诉任务池这个任务需要重试，并设置下一次执行时间。
- □ 挂起：当一个任务的执行依赖于其他任务完成时，可以将这个任务挂起，当收到消息后，再开始执行。
- □ 中止：任务执行失败，让任务池停止执行这个任务，并设置错误消息告诉调用端。
- □ 执行完成：任务执行结束。

任务池的任务隔离。异步任务有很多种类型，比如抓取网页任务、同步数据任务等，不同类型的任务优先级不一样，但是系统资源是有限的，如果低优先级的任务非常多，高优先级的任务就可能得不到执行，所以必须对任务进行隔离执行。使用不同的线程池处理不同的任务，或者不同的线程池处理不同优先级的任务，如果任务类型非常少，建议用任务类型来隔离，如果任务类型非常多，比如几十个，建议采用优先级的方式来隔离。

任务池的重试策略。根据不同的任务类型设置不同的重试策略，有的任务对实时性要求高，那么每次的重试间隔就会非常短，如果对实时性要求不高，可以采用默认的重试策略，重试间隔随着次数的增加，时间不断增长，比如间隔几秒、几分钟到几小时。每个任务类型可以设置执行该任务类型线程池的最小和最大线程数、最大重试次数。

使用任务池的注意事项。任务必须无状态：任务不能在执行任务的机器中保存数据，比如某个任务是处理上传的文件，任务的属性里有文件的上传路径，如果文件上传到机器 1，机器 2 获取到了任务则会处理失败，所以上传的文件必须存在其他的集群里，比如 OSS 或 SFTP。

异步任务的属性。包括任务名称、下次执行时间、已执行次数、任务类型、任务优先级和执行时的报错信息（用于快速定位问题）。

11.5　本章小结

本章介绍了使用生产者和消费者模式进行并发编程、线上问题排查手段和性能测试实战，以及异步任务池的设计。并发编程的实战需要大家平时多使用和测试，才能在项目中发挥作用。

推 荐 阅 读

Java核心技术：卷I 基础知识（原书第9版）

作者：（美）Cay S. Horstmann　Gary Cornell
译者：周立新 等
ISBN：978-7-111-44514-2
定价：119.00元

Java核心技术：卷II 高级特性（原书第9版）

作者：（美）Cay S. Horstmann　Gary Cornell
译者：陈昊鹏 等
ISBN：978-7-111-44250-9
定价：139.00元

Java EE 7权威指南：卷1（原书第5版）

作者：（美）埃里克·珍兆科 等
译者：苏金国 等
ISBN：978-7-111-49760-8
定价：99.00元

Java EE 7权威指南：卷2（原书第5版）

作者：（美）埃里克·珍兆科 等
译者：苏金国 等
ISBN：978-7-111-49711-0
定价：99.00元

Java应用架构设计：模块化模式与OSGi

作者：（美）Kirk Knoernschild
译者：张卫滨
ISBN：978-7-111-43768-0
定价：69.00元

推 荐 阅 读

Java多线程编程核心技术

作者：高洪岩 ISBN：978-7-111-50206-7 定价：69.00元

资深Java专家10年经验总结，全程案例式讲解，首本全面介绍Java多线程编程技术的专著。
结合大量实例，全面讲解Java多线程编程中的并发访问、线程间通信、
锁等最难突破的核心技术与应用实践。

作者：沙伦·比奥卡·扎卡沃 等
ISBN：978-7-111-50392-7
定价：79.00元

作者：布迪·克尼亚万
ISBN：978-7-111-50381-1
定价：99.00元

作者：蒂姆·林霍尔姆 等
ISBN：978-7-111-50159-6
定价：79.00元